苗谱丛书

丛书主编：刘　勇

银　杏

Ginkgo biloba L.

邢世岩　编著

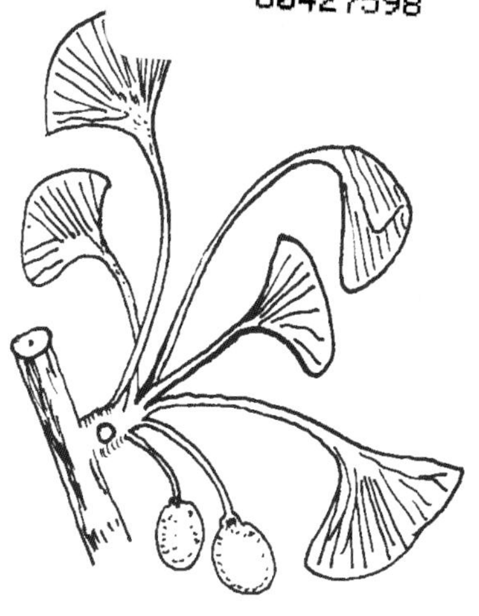

中国林业出版社

图书在版编目(CIP)数据

银杏 / 邢世岩编著. -- 北京 : 中国林业出版社, 2021.12

（苗谱系列丛书）

ISBN 978-7-5219-1513-6

Ⅰ. ①银… Ⅱ. ①邢… Ⅲ. ①银杏—育苗 Ⅳ. ①S664.3

中国版本图书馆CIP数据核字(2022)第007580号

中国林业出版社·自然保护分社（国家公园分社）

策划编辑：刘家玲

责任编辑：宋博洋　刘家玲

出版　中国林业出版社（100009　北京市西城区德内大街刘海胡同 7 号）

http://www.forestry.gov.cn/lycb.html　电话：（010）83143519　83143625

发行　中国林业出版社

印刷　河北京平诚乾印刷有限公司

版次　2021 年 12 月第 1 版

印次　2021 年 12 月第 1 次印刷

开本　889mm × 1194mm　1/32

印张　3

字数　90 千字

定价　30.00 元

苗譜

《苗谱丛书》编写编委会

《银杏》分册编写委员会

主　编：邢世岩（山东农业大学）　孙立民（山东农业大学）

副主编：门晓妍（山东农业大学）
高　森（山东省临沂市郯城县郯南农场）
李际红（山东农业大学）　桑亚林（山东农业大学）

委　员：李　影（山东农业大学）　李纬楠（山东农业大学）
李鑫慧（山东农业大学）

编写说明

种苗是国土绿化的重要基础，是改善生态环境的根本保障。近年来，我国种苗产业快速发展，规模和效益不断提升，为林草业现代化建设提供了有力的支撑，同时有效地促进了农村产业结构调整和农民就业增收。为提高育苗从业人员的技术水平，促进我国种苗产业高质量发展，我们编写了《苗谱丛书》，拟以我国造林绿化植物为主体，一种一册，反映先进实用的育苗技术。

丛书的主要内容包括育苗技术、示范苗圃和育苗专家三个部分。育苗技术涉及入选植物的种子（穗条）采集和处理、育苗方法、水肥管理、整形修剪等主要技术措施。示范苗圃为长期从事该植物苗木培育、育苗技术水平高、苗木质量好、能起到示范带头作用的苗圃。育苗专家为在苗木培育技术方面有深厚积淀、对该植物非常了解、在该领域有一定知名度的科研、教学或生产技术人员。

丛书创造性地将育苗技术、示范苗圃和育苗专家结合在一起。其目的是形成“植物+苗圃+专家”的品牌效应，让读者在学习育苗技术的同时，知道可以在哪里看到具体示范，有问题可以向谁咨询打听，从而更好地带动广大苗农育苗技术水平的提升。

丛书编写采取开放形式，作者可通过自荐或推荐两个途径确定，有意向的可向丛书编委会提出申请或推荐（申请邮箱：

miaopu2021start@163.com)，内容包含植物名称、育苗技术简介、苗圃简介和专家简介。《苗谱丛书》编委会将组织相关专家进行审核，经审核通过后申请者按计划完成书稿。编委会将再次组织专家对书稿的学术水平进行审核，并提出修改意见，书稿达到要求后方能出版发行。

丛书的出版得到国家林业和草原局、中国林业出版社、北京林业大学林学院等单位和珍贵落叶树种产业国家创新联盟的大力支持。审稿专家严谨认真，出版社编辑一丝不苟，编委会成员齐心协力，还有许多研究生也参与了不少事务性工作，从而保证了丛书的顺利出版，编委会在此一并表示衷心感谢！

受我们的学识和水平所限，本丛书肯定存在许多不足之处，恳请读者批评指正。非常感谢！

《苗谱丛书》编委会

2020年12月

前言 PREFACE

银杏（*Ginkgo biloba* L.）是银杏科银杏属的裸子植物。近些年来，随着食用、药用、材用、观赏、绿化、防护及科研价值的开发，银杏越来越得到国内的外高度重视。

银杏原产中国，据文献记载三国时盛植江南，唐代已产于中原，宋朝更为普遍。美国的Wilson认为，银杏于6世纪由中国传入日本，1730年由日本引入荷兰乌德勒支植物园，1754年引入英国皇家植物园，1784年引入美国。自从1965年德国的Schwabe博士首次将银杏叶提取物（GBE）引入医学实践后，欧洲一直把银杏叶用栽培、提取物的分离纯化和制剂生产作为研究重点。美国的Downing（1841）首次提倡将银杏作为观赏树种栽培。

关于银杏栽培类型及品种的分类，被国外学者公认的首次对银杏栽培品种进行命名的是中国的曾勉。1935年，曾勉在浙江诸暨作了银杏调查之后，采用种子大小、形态等指标，按栽培植物命名法将银杏的栽培品种划分成三大类：梅核银杏类（var. *typica* Tsen.）、佛手银杏类（var. *huana* Tsen.）、马铃银杏类（var. *apicalata* Tsen.）。1954年，中国植物学家胡先骕在前人工作的基础上，发表了论文《中国的水杉、水松和银杏》，将银杏分为7个变种：塔状银杏、垂枝银杏、裂叶银杏、斑叶银杏、黄叶银杏、鸭脚银杏、叶籽银杏。

中国作为世界上第一大国，拥有世界银杏种质资源的90%以上。银杏在我国广泛分布，垂直分布在北方大都在海拔1000m以下，在贵州及云南可达2000m。重点分布省（自治区）包括山东、江苏、广西、浙江、湖北、湖南、四川、安徽、贵州、河南、广东、福建等20余个，重点乡镇近30个。中国的白果产量、产值均占世界第一，中国核用品种水平代表了世界水平。

《银杏》作为“苗谱丛书”的一个分册，面向全国一线林业工作者和广大林农，选择的技术或者品种先进实用，代表最新的科研成果，科技含量高，内容创新。由于时间紧，写作水平有限，不足之处敬请各位同仁及广大读者提出宝贵意见。

邢世岩

2020年7月

目 录

CONTENTS

苗譜

第1部分

银杏概况及育苗技术

PART 1

1 银杏简介

学名：*Ginkgo biloba* L.
科属：银杏科银杏属

1.1 形态特征

乔木，高可达40m，胸径4m。树皮灰褐色，纵裂。大枝斜展，1年生长枝淡褐黄色，2年生枝变为灰色，短枝黑灰色。叶扇形，上部宽5～8cm，上缘有浅或深的波状缺刻，有时中部缺裂较深，基部楔形，有长柄，在短枝上3～8叶簇生。雄球花4～6生于短枝顶端叶腋或苞腋，长圆形，下垂，淡黄色；雌球花数个生于短枝叶丛中，淡绿色。种子椭圆形、倒卵圆形或近球形，长2～3.5cm，成熟时黄色或橙黄色，被白粉，外种皮肉质有臭味；中种皮骨质，白色，有2（～3）纵脊；内种皮膜质，黄褐色，胚乳肉质，胚绿色（植物智平台，http：//www.iplant.cn/info/%E9%93%B6%E6%9D%8F?）（图1-1～1-4）。

图1-1 银杏叶片形态（邢世岩 摄）

图1-2 银杏种子、种核和种仁形态（邢世岩 摄

图1-3　1年生银杏播种苗形态
（孙立民 摄）

图1-4　大田无纺布容器直播育苗
（成苗率98%）（孙立民 摄）

1.2 生长习性

银杏为喜光树种，深根性，对气候、土壤的适应性较宽，能在高温多雨及雨量稀少、冬季寒冷的地区生长，但以年平均气温14～17℃、年降水量800～1500mm的地区最适宜生长；适宜生长的土壤类型主要为花岗岩、页岩、砂页岩等母岩发育的黄壤和石灰岩发育的石灰土，最喜深厚肥沃、通气良好的沙质土壤，适宜的土壤pH为4.5～8.5，最适宜的pH为6.5～7.5，但不耐盐碱土及过湿的土壤。

深根性树种，细根主要分布在10～60cm土层内，占76%。垂直根深达2m以上（50年生），水平根为垂直根的12倍，为树高的1/2倍，大多分布在距树干5～8m范围内，根量占77%。

顶端优势明显，单轴分枝，成层性明显，塔形树冠。

枝分长枝和短枝，长枝和短枝可以互相转化。短枝长1～2mm，长枝长2～100cm以上。芽按部位分顶芽和腋芽，按性质分叶芽和混合芽。

叶多为扇形，有正反面之分，叶脉二叉分枝，叶表面含角质、油类和蜡。叶内含有黄酮，银杏苦内酮A、B、C、J、M等重要药物成分。

花期3月下旬至4月中旬。种子6月上旬至7月上旬生长较快。中种皮6月中下旬开始骨质化。9月上中旬至10月上旬种子成熟。

树高速生期在20～40年，连年生长量为0.4～0.7m，只有1个高峰期，最大连年生长量为0.68～0.85m；速生期前后的连年生长量只有0.23～0.40m。胸径速生期在20～50年，连年生长量0.7～1.2cm，有1～2个高峰期，最大连年生长量1.3cm，速生期前后保持在0.3～0.6cm。材积生长的速生期在40年以后，一直延续到70年。连年生长量0.04～0.06m^3，以后的生长量极小。

1.3 分布状况

银杏为中生代孑遗的稀有树种，系我国特产，浙江天目山有野生状态的树木。我国银杏的栽培区很广，北自辽宁沈阳，南达广东广州，东起浙江舟山40～1000m地带，西抵西藏昌都，东南至台湾南投，西南至云南腾冲，西北到甘肃兰州。垂直分布海拔从40～1000m，西南的贵州、云南腾冲在海拔2000m以下地带均有栽培。国外银杏全部是从中国引种栽培的，目前银杏在朝鲜、日本及欧美各地等均有栽培。

1.4 树种文化

银杏是一个古老的树种，出现在距今约3亿年前。第四纪冰川时期，银杏在全球范围内大量灭绝，仅在我国鄂、豫、皖、浙四省交界的深山谷中少量孑遗，目前仅存1属1种。银杏“孑遗种”及其子孙，虽在银杏家族的历史长河中只占很短一段时间，但也有了近200万年的繁衍历程。

从现有银杏古树树龄来推测，银杏栽培的历史始于商周之间，而银杏文化的开端至少可以追溯至商周时期。汉末三国时，银杏在长江流域一带已有大量栽植，黄河流域也有零星分布。西晋和南北朝时期，黄河中下游地区银杏栽植的数量进一步增多。学界一般认为，西汉司马相如《上林赋》中“沙棠栎槠，华枫枰栌”，以及晋代左思《吴都赋》“平仲桾櫏，松梓古度”中的“枰”“平仲”即指银杏（郭善基，1993）。从考古资料来看，在苏北徐州和鲁南临沂、枣庄地区出土的汉代画像石中有一部分是表现植物的，这些植物中有相当部分为银杏。例如，1960年4月在南京西善桥南朝墓室中出土了“竹林七贤与荣启期”砖刻壁画，这幅壁画创作于东晋中期或末期，画面8人之间以树木分隔，10株树中有5株为银杏。另外，一些魏晋南北朝时期的书画作品中也有银杏的形象，例如，东晋顾恺之的《洛神赋图》，就是以银杏为主调进行取景构图的。从隋唐到清朝前期，银杏多次在文学作品中出现，如北宋欧阳修在《梅圣俞寄银杏》中写道：“鹅毛赠千里，所重以其人。鸭脚虽百个，得之诚可珍。”明代李时珍在《本草纲目·果部》说：“白果，鸭脚子。原生江南，叶似鸭掌，因名鸭脚。宋初始入贡，改呼银杏，因其形似小杏而核色白也。今名白果。”

银杏主产区的人们接触银杏比较多，与银杏有关的民风、民俗也非常丰富，银杏被视为神树、树王。例如，《安陆银杏》中所收集的神话、传说、故事、俗语；又如，《郯文化研究》讲到的很多与银杏有关的当地民俗。在这些神话传说、民风民俗中，着重描述银杏的经济价值和医药价值，表达了人们对银杏的赞美和热爱（陈凤洁等，2012）。

1.5 品种或良种介绍

银杏集果用、材用、食用、药用、防护、观赏等价值于一体，因此，银杏品种类型的划分与其利用目的有关。目前，银杏栽培品种可以分成核用品种（表1-1，图1-5～1-20）、叶用品种（表1-2）、雄株品种、观赏品种（表1-3，图1-21～1-32）和材用品种5大类。核用品种以生产白果为主，以“大粒、早实、丰产、质优”为选育目标，是我国银杏栽培的主要经营目的。银杏叶用品种要求生长旺盛，易抽梢，叶片大，质厚，叶色浓绿，产叶量高，且叶内有效成分含量高。观赏品种以绿化、美化及观赏为主，主要是通过叶形、叶色、树形、分枝、冠形、长势等作为选育标准。雄株品种类似果树上的授粉树，要求花期长、花粉量大、花粉活力高、亲和力高等。材用品种则以培养木材为主，要求速生、丰产、优质。银杏栽培品种类型的划分对于银杏栽培标准化、品种化有重要意义。

表1-1 银杏核用新品种和良种

新品种或良种名称	新品种权号或良种编号	品种或良种特性
‘南林果1’	20080027	属佛指型。果实产量高，单株产量达到16kg，出核率达24.7%。出仁率达78.6%
‘南林果2’	20080028	属佛指型。果实产量高，单株产量达到14kg，出核率25.6%，出仁率79.6%
‘南林果4’	20120120	亲本来源于江苏吴县洞庭东山镇，属于优良单株。树势强健，干性强，层性明显，树冠直立，大枝近水平开张，分枝稀疏。球果圆形或长圆形，种核佛指型
‘南林果5’	20120121	亲本来源于山东省郯城县新村乡，为100年生嫁接母树，属于优良单株。果长圆形或广卵圆形，种核形态为长子—佛指过渡型。属晚熟品种
‘南林外1’	20120122	亲本来源于江苏省农学院，属优良单株。结果期早，生产性能强。球果长圆形或广卵圆形，球果和种核较大，性糯味甜
‘南林外2’	20120123	亲本来源于江苏苏州吴县东山镇，属优良单株。进入结果期早，生产性能强。叶在长枝上自梢部至基部叶片的形状依次为三角形、扇形、截形和如意形。球果长卵圆形，种核长卵形，色白腰圆，两侧棱线明显，无翼状边缘
‘南林外3’	20120124	亲本来源于山东郯城县花园乡，属优良单株。结果期早，生产性能强。种核近圆形、略扁，两侧棱线明显且可见宽翼状边缘。单果重、出皮率较稳定，果中等肉厚（0.62cm），其纵径1.97cm，横径1.67cm
‘南林外4’	20120125	亲本来源于贵州道真，属优良单株。产量中等。球果圆形，中等肉厚。进入开花结实时间早，稳产性强，抗病虫力强。球果纵径2.00cm，横径2.00cm，单粒果重4.8～5.6g
‘甜心’	20120158	在银杏品种资源圃中选育获得。树势强健，发枝力强，成枝率高。雌株，10～11月成熟。果近球形，种核圆形、两侧具窄翼，单粒核均重2.848g，出核率26.4%
‘山农果一’	20140130	属圆子类，果实圆形、正托。单果重12.63g。果皮厚0.62cm。单核重3.04g，最大单核重3.5g，种壳厚0.52mm。出核率24.16%，出仁率81.95%。口感香甜，糯性强，易机械脱皮和加工

（续）

新品种或良种名称	新品种权号或良种编号	品种或良种特性
‘山农果二’	20140131	属早熟品种。果倒卵形，果柄直立。核顶端有尖，基部两束迹合生，背腹明显。平均单果重11.84g，平均单核重3.3g，出核率28.14%，出仁率80.34%
‘山农果五’	20140132	晚熟品种，成熟期10月上旬。属马铃类，果基部非正托，阔椭圆形。单果重17.43g。核肥厚，单核重4g，最大4.5g。种壳厚0.77cm，出核率23.7%，出仁率77.88%。口感香甜，糯性强，其综合指标与日本特大粒品种‘藤久郎’相当
‘岭南’（图1-5）	鲁R-SV-GB-003-2004	种实特大，初看上去好似李子。收获期在9月中旬至10月上旬。果形圆形，顶端平广，基部平广，油胞大稀。核形圆形，类型圆子类，口感仁微甜
‘大金果’（图1-6）	鲁S-SV-GB-016-2004	又名‘魁金’。原株在山东郯城县重坊西高庄管区。属马铃和佛指过渡类型，栽培性状明显。果倒卵形，果柄长而弯曲。单果重12.94g，核长形，上下两端似金坠，但中隐线明显，又称“二节头”。单核重3.56g，最大单核重4g。出核率27.63%，出仁率78.8%
‘新宇’（图1-7）		又名‘金坠1号’，为山东郯城代表种。具有早实性或连续丰产性。单果重11.15g。种核白色，椭圆形，种壳较粗糙，背腹各具3～7个小麻点，中隐线明显。单核重2.44g，出核率24%，出仁率78%。口感有苦味，糯性强，是山东省第一批主推品种之一，属中粒、早实、丰产、早熟品种。2014年获国家林业局林业植物新品种保护
‘亚甜’		原名‘马铃2号’，主要分布在山东、江苏、浙江等诸多银杏产区。丰产，抗逆性强。种核短广卵圆形，背圆浑而厚，腹略薄，故视之略扁。单核重2.87g。出核率28.8%，出仁率80.2%。一级种核率达99.7%。9月底外果皮变软。1995年10月通过江苏省农作物品种审定委员会审定
‘宇香’		原株在江苏邳州市铁富乡，又名‘铁富马铃3号’。果面白粉较厚，油胞明显。单粒重3.45g，种皮较薄，出仁率80.20%，总利用率23.02%。种核光滑洁白，外形美观。种仁生食无苦味，有回甘，熟食糯性好。早实性较强，抗性强。1995年10月通过江苏省农作物品种审定委员会审定
‘优酸果’		具有早果、高产、稳产、外种皮酚酸含量高等特性。果中等，单果均重10.49g。外种皮平均出皮率76.48%，酚酸平均含量10.08mg/g，单株酚酸平均产量1500.5g。2010年获江苏省林木良种审定委员会认定

（续）

新品种或良种名称	新品种权号或良种编号	品种或良种特性
‘家佛指’（图1–8）		又名‘泰兴大白果’或‘大佛指’，主产江苏泰兴、泰州、江都、吴县。种实长卵圆形。平均单果重10g。种核长卵圆形，尾端长细圆秃，前端短圆钝，壳洁白。核背腹厚度均等，较圆浑。最大单核重3.4g。出核率26%～27%，出仁率达78%～83%，一般为80%
‘洞庭皇’（图1–9）		属佛手类品种，原株在江苏苏州西山梅园村。种实长圆形、广卵圆形或倒卵圆形，丰满。果较大，单果重17.6g。核卵状长椭圆形，无脊腹之分。平均单核重3.6g，最大可达3.8g。出核率23.43%，出仁率78.34%，一、二级种核率占100%
‘七星果’（图1–10）		属佛指类品种。原株在江苏省泰兴刁铺镇井丰庄。种实长椭圆形，先端钝圆，不具凸尖，较平阔。柄与佛指相似。单果重9g。种核为长卵圆形，是在背腹面上有5～10个凹陷不一的麻点，个别孔径达0.5mm。肉质厚、浆水足、口感香甜、糯性强
‘扁佛指’（图1–11）		产于江苏，又称‘野佛指’。种核背厚腹薄而略扁，下半部虽比上半部狭，但较佛指宽；两束迹明显大，相距亦较远，有时呈鸭尾形。种核壳比佛指稍厚；种仁亦常不如佛指饱满。种实橙黄色，比佛指深。种实比佛指明显短。珠托柄与珠托柄前端亦明显比佛指宽扁。出核率约25%，出仁率78%～80.35%
‘大佛手’（图1–12）		广泛分布在山东、江苏、广西、浙江、贵州等地。其果柄长而柔软，不易脱落，加以果大，故有“大长头”之称。单果重16.1g。果面色泽较深，呈橙黄色。核卵状长椭圆形，单核重3.3g
‘团峰’（图1–13）		又名‘大龙眼’或‘圆铃6号’。母树在山东苍山和郯城县，均为嫁接树。属圆子类。果实圆形、正托。单果重12.63g。核肥厚圆形、规整，侧棱明显。平均单核重3.04g，最大单核重3.5g。出核率24.16%，出仁率81.95%。口感香甜，糯性强，易机械脱皮和加工
‘海洋皇’（图1–14）		又名‘海洋王’。系马铃类优选的大粒种，适应性强，果大、早实、丰产。母树在广西灵川海洋乡江尾村。单果重14.3g，最大16.4g，外皮较薄。属晚熟品种。种仁味香清甜，种核大小均匀

（续）

新品种或良种名称	新品种权号或良种编号	品种或良种特性
‘华口大白果’（图1-15）		佛手银杏类，丰产、稳定。核粒较大，单核重3.9g，出仁率78.35%。核仁糯性高、味香。核壳坚硬，耐贮藏，常规贮藏6个月左右，为特优果用品种
‘早实梅核’（图1-16）		原产湖北安陆，又名‘23号大梅核’。嫁接后3年挂果。该品种为大果型，鲜果重13.18g，出核率25.23%，果形系数21.42。单核重3.40g，出仁率80.89%，仁微苦。外皮黄酮含量1.8363%，种仁黄酮含量0.1814%
‘七星梅核’（图1-17）		原产湖北安陆，又名‘64号七星梅核’。该品种大小树均匀，丰产。中果型，果鲜重9.49g，出核率29.14%，单核重2.86g，出仁率75.25%，单仁重2.10g，仁微甜。外皮黄酮含量1.98%，种仁黄酮含量0.2597%
‘藤久郎’（とうくろう）（图1-18）		又名‘东久郎’，日本推广的优良品种，并以果大、晚熟而著名。丰产性良好。种核形状丰满，大而均匀，属特大粒品种。种核麻点较少，有光泽，品质与食味较好，有较高的经济价值
‘金兵卫’（きんべえ）（图1-19）		又名‘金部’，原株在爱知县中岛郡祖父江町大字樱方笹原。叶形较‘藤久郎’略小。进入结果期早，为丰产性品种。种核较‘藤久郎’窄和薄。单核重3.75g，属大粒果。外种皮较厚，种核表面麻点较多。早熟，容易采摘，仁口感甜
‘黄金丸’（图1-20）		种核呈圆形。在山东属于大粒、早实、丰产、优质品种。果形圆形，大果。核形圆形，类型圆子类，种仁口感微甜

图1-5　银杏核用品种‘岭南’（邢世岩 摄）

图1-6　银杏核用品种‘大金果’（邢世岩 摄）

图1-7　银杏核用品种‘新宇’
（邢世岩 摄）

图1-8　银杏核用品种‘家佛指’
（邢世岩 摄）

图1-9　银杏核用品种‘洞庭皇’
（邢世岩 摄）

图1-10　银杏核用品种‘七星果’
（邢世岩 摄）

图1-11　银杏核用品种‘扁佛指’
（邢世岩 摄）

图1-12　银杏核用品种‘大佛手’
（邢世岩 摄）

图1-13　银杏核用品种‘团峰’
（邢世岩 摄）

图1-14　银杏核用品种‘海洋皇’
（邢世岩 摄）

图1-15 银杏核用品种‘华口大白果’（邢世岩 摄）

图1-16 银杏核用品种‘早实梅核’（邢世岩 摄）

图1-17 银杏核用品种‘七星梅核’（邢世岩 摄）

图1-18 银杏核用品种‘藤久郎’（邢世岩 摄）

图1-19 银杏核用品种‘金兵卫’（邢世岩 摄）

图1-20 银杏核用品种‘黄金丸’（邢世岩 摄）

表1-2 银杏叶用新品种和良种

新品种或良种名称	新品种权号或良种编号	新品种或良种特性
‘山农F-1’	鲁S-SV-GB-024-2013	原株在山东省，雄株，高黄酮无性系
‘山农F-2’	鲁S-SV-PO-025-2013	原株产于江苏西山大佛手，雌株，高黄酮无性系
‘山农T-5’	鲁S-SV-GB-014-2014	原株在山东省，雌株，高内酯、高黄酮及高产无性系

（续）

新品种或良种名称	新品种权号或良种编号	新品种或良种特性
‘山农T-7’	鲁S-SV-GB-015-2014	原株在山东省，高银杏苦内酯B（Gb）和萜内酯无性系
‘山农Y-2’	鲁S-SV-GB-016-2014	原株在山东省，雄株，高产叶用无性系
‘酉阳YY58’家系	鲁R-SF-GB-002-2017	母树树龄1000年，高内酯半同胞家系
‘兴安XA72’家系	鲁R-SF-GB-003-2017	母树树龄200年，高内酯半同胞家系
‘叶丰’		嫁接树，树冠开张，萌芽力强，成枝率高，抗逆性较强。2010年获江苏省林木良种审定委员会认定

表1-3　银杏观赏新品种和良种

新品种或良种名称	新品种权号或良种编号	新品种或良种特性
‘蝶衣’	20090027	叶片基部呈圆筒状，盛水滴水不漏，叶子顶端叉开，似展翅欲飞的蝴蝶
‘松针’	20080033	叶片一般有奇数对称3～5裂，中裂深达叶长1/2～2/3。叶片形状有针形、筒形、条状深裂的扇形或半扇形。枝条中部至基部有少量针状和筒状叶片，针状叶片的形状极似松针。种仁生食无苦味
‘夏金’	20080034	叶片中裂极浅，叶缘浅波状。春季叶片色泽金黄，夏季少量叶片转为黄绿，但大部分叶片依然金黄
‘聚宝’	20110005	树冠呈紧密狭长卵形，所有枝条均以树干为中心弯曲斜上生长，冠幅最宽处仅为40cm左右。叶片扇形，小而密集，侧枝的长枝28～30cm，着生叶片61～82枚。雌株
‘金带’	20110006	叶片中裂较浅，叶缘浅波状；斑纹叶占全树全部叶片的40%～80%，斑纹叶片底色绿色，其上间有黄色竖条纹。与普通银杏相比，在相同立地条件下，其生长势较弱，特别对于干热风的影响较为敏感
‘泰山玉帘’	20110007	枝条自然下垂。叶片有两种类型：一种为“人”字形叶片，中裂极深，可达叶片基底或接近基底；另一种叶片的中裂较浅或极浅。种核（即白果）较小

（续）

新品种或良种名称	新品种权号或良种编号	新品种或良种特性
‘山农银一’（图1-21）	20120050	叶片心形，基线夹角大于180°，全缘，中裂刻将叶子平分为两部分；长短枝叶差异较小，叶柄较粗
‘山农银二’（图1-22）	20120051	叶片为“楔形”，显示出类似“拜拉型”化石银杏的形态特征。‘楔叶银杏’较正常银杏叶窄，叶基线夹角20°～30°；叶片略小、较薄；叶柄稍长
‘优雅’（图1-23）	20120157	生长势旺盛，发枝力和成枝力均强。用插皮舌接繁育1～2年可形成盘形树冠，3年后的枝条自然下垂形成伞形树冠。除枝梢叶片外，大部叶片中裂不显，叶片薄而轻（较一般品种约轻1/3重量）。雌株，早熟品种，适应性强
‘魁梧’（图1-24）	20120159	材用及绿化品种。雄株，主干直，侧枝短，所有侧枝均沿树干斜上生长，如不修剪，生长季节树体自下而上呈绿柱状，秋冬落叶后所存留的枝条则使树冠呈扫帚状。叶片明显宽阔，叶柄长而粗，带柄鲜叶厚而重。生长旺盛，耐干旱贫瘠
‘万年金’	国S-SV-GB-008-2014	从萌芽开始到7月底，其叶片和叶柄颜色均为黄色，8月上旬以后，除新发的幼叶仍为黄色外，成熟的叶片颜色逐渐转为淡绿色
‘文笔’	20150114	成熟叶片裂刻数4～6个。深裂刻可达4cm以上，可将叶片一分为二，深达叶基线附近，并与叶柄基部交汇。叶基线夹角大于180°，叶形呈耳状，叶基线下垂
‘天柱’	20150113	窄冠银杏，树冠圆锥形。枝条向上垂直生长，与主干夹角通常小于40°
‘叶籽银杏’（图1-25）	鲁S-SV-GB-039-2007	有两种果型，一是叶生果（叶胚珠），二是正常果。叶生果实具柄，较宽呈翅状，而且与叶柄连生
‘筒叶银杏’（‘Tubifolia’）（图1-26）	鲁S-ETS-GB-036-2015	1998年从法国蒙特利埃苗圃引进。‘筒叶银杏’叶呈细长筒状，生长较慢，树体矮小美观，枝条密生，高3m。有筒叶和多裂叶之分。筒叶叶缘深波状，叶基呈楔形，叶浅绿色，裂刻数3.0个
‘萨拉托格’（图1-27）	鲁S-ETS-GB-037-2015	1998年从法国蒙特利埃苗圃引进，原种在加利福尼亚的萨拉托格园艺场。枝条垂直向上，主干明显，树体结构紧凑，生长速度缓慢。高10m。叶黄绿色，较小，枝条密生。雄株，具两种叶形：三角形叶，叶缘浅波状，叶基呈楔形，叶绿色；二叉叶，叶缘浅波状，叶基呈楔形

（续）

新品种或良种名称	新品种权号或良种编号	新品种或良种特性
‘玉镶金’		叶片上黄色条纹与绿色条纹相间排列，形成斑纹，非常优美。新梢在未老化之前，即枝条呈绿色时，枝条上有黄色条纹。2005年通过山东省林木品种审定委员会品种审定
‘垂叶银杏’（图1–28）		叶片绿色，叶柄长，自然下垂，叶边缘多缺刻，新梢直立生长。叶扇形，叶缘波浪状，叶基呈楔形，裂刻数1.0个。2005年通过山东省林木品种审定委员会品种审定
‘斑叶银杏’（图1–29）		有斑叶、金带、金丝及绿叶多种类型。斑叶黄绿相间，叶菱形，叶缘波浪状，叶基呈楔形；金带叶黄绿带相间排列；金丝叶黄绿丝线相间排列，叶扇形，叶缘波浪状，叶基呈楔形
‘窄冠银杏’（图1–30）		枝条直立向上生长，树形呈圆柱形。叶三角形，叶缘浅波状，叶基呈心形
‘塔形银杏’（‘Fastigiata’）		1998年从法国蒙特利埃苗圃引进。雄株，枝条垂直向上生长，形成窄冠尖塔形或圆柱形树冠，大叶。叶半圆形，叶缘浅波状，叶基呈楔形，叶绿色
‘圣克鲁斯’（图1–31）		1998年从法国蒙特利埃苗圃引进。雄株，树冠呈伞形，低干，枝条平展。叶扇形，叶缘浅波状，叶基呈楔形，叶绿色
‘费尔蒙特’		1998年从法国蒙特利埃苗圃引进。在自然状态下，枝叶浓密，直立尖塔形树冠，幼树枝条平展，叶大，15m高。雄株，叶楔形，叶缘波状，叶基楔形，裂刻数1.0个，油胞稀、矩形、大，位于中上部，点状分布，叶色深绿与丝状浅黄相间
‘展冠银杏’		1998年从法国蒙特利埃苗圃引进。树体高大平展，树冠阔展，分枝多。叶扇形，叶缘浅波状，叶基呈心形，叶深绿色
‘莱顿’（‘Heksenbezem leiden’）		1998年从法国蒙特利埃苗圃引进，也称“美女花”。树冠紧凑，圆形，矮化，分枝十分紧密，树高达3m。雄株，叶扇形，叶缘波状，叶基呈楔形，叶绿色，裂刻数1.0个，油胞稀、椭圆形、大、基部点状
‘金秋’		1998年从法国蒙特利埃苗圃引进。雄株，树冠椭圆形，垂直向上。叶子金黄色、簇生。叶扇形，叶缘波浪状，叶基呈楔形，叶深绿色，裂刻数0.7个

（续）

新品种或良种名称	新品种权号或良种编号	新品种或良种特性
‘垂乳银杏’		1998年从法国蒙特利埃苗圃引进。叶扇形，叶缘浅波状，叶基呈心形，叶黄绿色，裂刻数1.0个，无油胞
‘金兵普伦斯顿’		1998年从法国蒙特利埃苗圃引进。著名的观赏品种，生长慢，叶大而美观。雄株，树冠直立向上生长，为对称的窄冠形新品种。系‘塔形银杏’的改良品种。叶扇形，叶缘波浪状，叶基呈楔形，叶浅绿色，裂刻数1.0个
‘雄峰’（图1–32）		1998年从法国蒙特利埃苗圃引进。雄株，叶扇形，叶缘浅波状，叶基呈三角形，叶绿色，裂刻数1.0个
‘垂枝银杏’（‘Pendula’）		1998年从法国蒙特利埃苗圃引进。枝条下垂，生长较慢，美观大方。雄株，叶扇形，叶缘波浪状，叶基呈三角形，叶绿色，裂刻数1.0个
‘特雷尼亚’		1998年从法国蒙特利埃苗圃引进。树冠小塔形，叶大，高10m。雌株，叶片厚9.9 μm，上表皮厚2 μm，下表皮厚0.3 μm，主脉叶片厚22.1 μm，维管束15.8个

图1–21　银杏观赏品种‘山农银一’（孙立民 摄）

图1–22　银杏观赏品种‘山农银二’（孙立民 摄）

图1-23 银杏观赏品种‘优雅’（孙立民 摄）

图1-24 银杏观赏品种‘魁梧’（孙立民 摄）

图1-25 银杏观赏品种‘叶籽银杏’（孙立民 摄）

图1-26 银杏观赏品种‘筒叶银杏’（孙立民 摄）

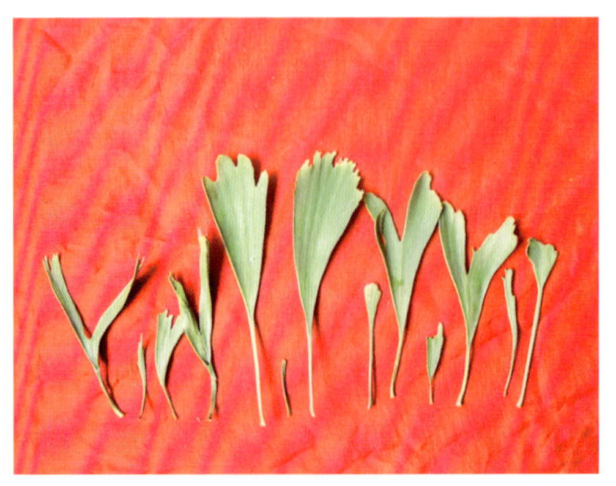

图1-27 银杏观赏品种‘萨拉托格’（孙立民 摄）

图1-28 银杏观赏品种‘垂叶银杏’（孙立民 摄）

图1-29　银杏观赏品种‘斑叶银杏’（孙立民 摄）

图1-30　银杏观赏品种‘窄冠银杏’（孙立民 摄）

图1-31　银杏观赏品种‘圣克鲁斯’（孙立民 摄）

图1-32　银杏观赏品种‘雄峰’（孙立民 摄）

2 繁殖技术

2.1 播种育苗

2.1.1　种子采集、调制与催芽

2.1.1.1　种子采集

用于播种的种子应从授粉良好、种仁饱满的40～100年生优良母树上定株采集，且应选择大粒种子。

银杏种子采集时间与产地、品种、栽培措施等有关，在我国从8～10月，由南向北逐渐进入种子成熟和采种期（表1-4），大部分种实于9月份成熟。就品种来看，山东的早熟种9月上旬成熟，晚熟种10月上旬成熟；江苏的‘七星果’成熟期比‘佛指’迟2～3天。

表1-4 我国主要银杏产区种子成熟期和采收期

产地	广西	广东	福建	贵州	浙江	江苏	湖北	山东	北京	辽宁
成熟期（月·旬）	8下至9下	8中	8中	9上至9下	9下至10下	9上至10上	9中至10中	9上至10上	9下	9下至10下

银杏采种方法分采摘法、摇（击）落法和化学采收3种。

（1）采摘法

此法是在银杏种子成熟后，人工在地面采摘或用高枝剪、采种钩等从树上采摘，主要适于低矮的单株及丰产园。这种方法对银杏枝叶损伤量低，不破坏母树，但采种效率较低。

（2）摇（击）落法

该方法是在种子成熟后，通过人为震动，打击树干或树枝，使种子落在采种网或铺设在地上的采种布上。通常在种子完全成熟后的10月上旬进行，这时，经摇落的银杏的外种皮常常破裂，极易脱皮。这是目前我国成龄银杏大树的主要采种方法。

（3）化学采收

从长远来看，银杏最有效的采种方法应是化学采收。据江苏试验，采收前喷乙烯利落种率比不喷高3倍，可达91%，而且乙烯利对叶子脱落并无显著影响。山东、江苏可于9月20日喷浓度为0.1%～0.15%的乙烯利溶液，一般喷后5～6天出现第一次落种，继后在第11～12天和第15～16天分别出现第二次和第三次落种，如果遇有大风，落种效果更好。也可以在10月上旬结合人工摇落采收进行，达到按期完全采收的目的。

2.1.1.2 调制

银杏种子有3层种皮，即肉质的外种皮、骨质的中种皮和膜质的内种皮。通常作为食用、加工或生产用种的种子须先脱去外种皮，以便净种、分级和贮运。

（1）脱皮前预处理

由于不同单株、不同种粒的成熟度不一致，为了便于统一脱粒，同时避免种子发霉变质，采收后的种子须及时进行后熟处理。具体方法是将采收的种子堆放在阴凉处，宜散开平堆，堆高以60cm为宜，同时在种子堆上盖一层草以遮阴、保湿和散热。一般处理后第8天堆温达最高，平均温度达31～32℃，此时脱粒效率最高。大批量种子可以用乙烯发生剂处理后，在室温20～25℃条件下堆积5～10天。

（2）脱皮方法

银杏脱皮可采用人工或机械脱皮。种子堆沤后熟，待外种皮软化、腐熟后，戴上乳胶手套人工搓擦脱皮，然后在细筛内用清水淘洗干净，去除杂物。若种子数量较多或后熟不充分，可以穿胶鞋粗踩一次，还堆，第二天再踩一次，然后漂洗干净。除人工脱皮外，也可以用白果脱皮机脱粒。

（3）脱皮时注意的问题

银杏外种皮含有大量的氢化白果酸、银杏黄酮、酚、醛类等刺激物质，对人的皮肤、手、脚、眼睛等有刺激作用，易引起瘙痒、流泪、皮炎、水泡等，而且外种皮水液粘到衣服上洗不掉。因此，脱皮时须穿上工作服，戴上口罩及乳胶手套。银杏外种皮目前是重要的药用材料，不要废弃。脱下的外种皮要存放好，以鲜皮或干外皮出售给加工部门。即使充分腐熟的种子，脱皮后种壳上也会残留一些果肉。因此，对已脱皮的种核要反复用清水搓洗，种壳上不能有残迹，否则种皮将变成灰色，甚至发霉腐烂，降低商品价值。此外，由于外种皮有毒性，严禁将脱皮污水倾倒入江河湖泊及饮用水附近，最好作为堆肥使用。

2.1.1.3　种粒分级

种粒分级是白果进入市场的一个重要环节。为了提高银杏种子的商品价值、提高种子的净度及播种品质，经脱粒后的种子须进行分级。种子分级方法分人工分级和机械分级2种，我国目前仍以人工分级为主，即通过粒选、筛选、水选等方法，将白果按种粒大小分成不同的等级。

我国将银杏种粒分为特大粒、大粒、中粒、小粒、特小粒（表1–5）。在我国银杏主产区，目前收购和销售的银杏大多属中小粒品种，大粒、优质品种有待于进一步开发和优化（表1–6）。

表1-5　我国银杏分级标准

粒级	级别	粒数（粒/kg）	单核重（g）
特大粒	特级	<250	≥4.00
大粒	一级	251～300	3.99～3.33
中粒	二级	301～400	3.22～2.50
小粒	三级	401～500	2.49～2.00
特小粒	等外级	>500	<2.00

表1-6　我国主要银杏产区白果收购和销售分级标准

地点	类别	品种	指标	分级标准			
				一级	二级	三级	等外级
泰兴	收购	大佛手	粒数（粒/kg）	300	440	520	>521
			单核重（g）	2.78	2.27	1.92	<1.92
鲁南苏北	收购	良种	粒数（粒/kg）	<340	341～420	421～520	>521
			单核重（g）	>2.94	2.93～2.38	2.37～1.92	<1.92
		实生种	粒数（粒/kg）	<400	401～440	441～480	>480
			单核重（g）	>2.50	2.49～2.27	2.26～2.08	<2.08
上海	销售	佛手	粒数（粒/kg）	440	520	—	521～600
			单核重（g）	2.27	1.92	—	1.91～1.67

2.1.1.4　贮藏

银杏属于高含水量种子，为了保持新鲜无菌，必须采用适宜的方法贮藏。

（1）商品白果贮藏

采用干藏法。即将种子置于低温（2～5℃）、低湿（<50%）及

适当控制水分和热量传导的环境中进行中短期贮藏种子的方法。具体方法如下。

①普通干藏法。将阴干的种子装入麻袋、箱子、塑料袋或缸内，塑料袋应在孔口处打4～8个孔，以便通气。然后放入低温、干燥、通气条件下贮存。室温3～4℃、相对湿度25%～27%，容器内湿度40%。

②低温低湿种子库贮藏。有条件的地方可将种子放入种子库内贮存，库温2～5℃、湿度低于50%，贮存时间可达6个月。

（2）育苗种子贮藏

种子贮藏，即将阴干的种子贮存在低温、湿润、通气条件下，是一种短期贮存种子的方法，包括室内堆藏、室外露天窖藏。室内堆藏是将阴干的种子按种沙1：2混匀后堆放在室内。堆高60cm以下，20天翻动一次，以利通风换气，防止烂种。温度0～5℃，沙湿度不要过大。种子量多时可采用室外露天窖藏的方法。先在室外背阴、地势高处挖深0.5～0.8m、宽1～1.5m、长依种子数量而定的坑窖，于11月中旬将室内堆积的种子先用1：1000倍多菌灵灭菌后阴干，即可入窖混沙贮存。坑底先放10～20cm干净河沙，再将种沙为1：3的混合物填入坑内。种子入窖后每5～7天翻动一次，以防霉烂。大雪节气后土壤接近封冻时，种子不再翻动，种子上覆厚20～30cm细沙，然后用塑料薄膜盖好。春天气温回升后要及时检查和翻动，并于2月下旬大地解冻后，从窖内取出移到阳面催芽（图1–33）。

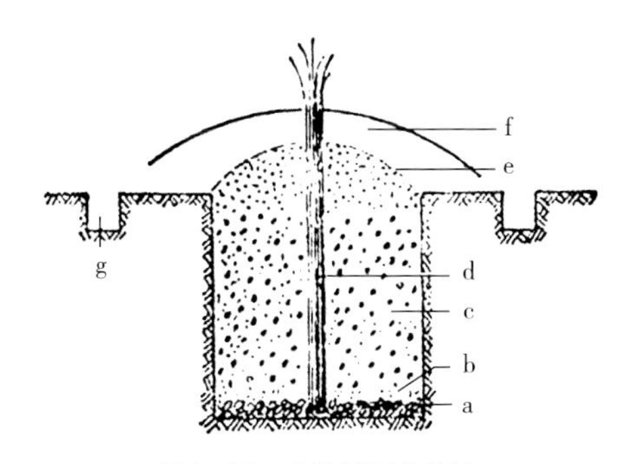

图1–33　室外露天窖藏法

（a.卵石；b.湿沙；c.种子与沙混合物；d.草把；e.湿沙；f.盖土；g.排水沟）

2.1.1.5　催芽

银杏播种前最好进行种子催芽。实践证明，催芽的种子出苗期短、发芽率高、成苗整齐均匀、苗木生长快、质量好。

生产上常用阳畦催芽。在向阳面挖一深20～30cm、宽80cm的阳畦。底部放10cm细沙，然后将种沙混合物放入坑内，厚度10～20cm。然后上部建成单斜面阳畦，塑料薄膜密封，上覆草帘保温。保持棚内温度18～25℃，每天喷水1次，一般10～15天便可发芽。催芽过程中要不断翻动。为了提高温度也可以进行不拌沙催芽。

银杏种子由于种源、母树年龄、采集期不同，种粒大小差异很大，发芽时间极不一致。为了提高苗木质量，对已露白的种子应分期分批播种。通常第一批出芽的种子发芽率较高、质量好，出苗率也高，随时间的延长发芽率下降，种子质量也差。因此，待种子发芽率达30%以上时先播第1批。以后每5～7天播一批，共播4～5批即可。余下不发芽的种子大多是无胚种粒，可以收集并出售。一般催芽种子平均出苗率高、速生期提前10～15天，苗木生长期延长30天，1年生苗可达35cm。此外，催芽的苗木根系更加发达（图1–34、1–35）。

图1–34　银杏阳畦沙藏催芽（孙立民 摄）

图1-35 银杏发芽种子
（孙立民 摄）

2.1.2 裸根苗培育

2.1.2.1 播种前准备

（1）圃地选择

银杏育苗地应选择在交通方便、地势平坦、背风向阳、排灌良好、肥力中上等的壤土、沙壤土，pH 5.5～7.7，土层厚度50cm以上。切忌在土壤黏重、内涝和重盐碱地上育苗，避免选择重茬和前作物为马铃薯的圃地。山地丘陵地应选择地势平缓处，并修成水平梯田。

（2）整地和土壤处理

苗圃地应在前一年秋天全面耕翻1次，深度25～30cm。每亩[①]施有机肥5000～10000kg、磷肥50kg、硫酸亚铁15kg。可同时施入甲拌磷5～10kg/亩、呋喃丹2.5kg/亩或辛硫磷2.5kg/亩防治地下害虫。经冬季冻垡，土壤进一步风化，翌春顶凌耙地整平打畦。作畦后马上灌水一次，水渗后耧平耙细。土壤含水量以田间持水量的60%左右为宜。

① 1亩=1/15hm^2，下同。

（3）播种期、播种量及育苗密度

北方及寒冷地区不提倡秋播，秋播由于无法判断种子是否有胚，再加上种子在土壤内停留时间过长，因此出苗率仅达30%～50%。主要采取春季催芽大田直播育苗。一般亚热带地区应在雨水至惊蛰（2月下旬至3月上旬）播种，温带地区在谷雨前后（4月1日至15日）播种为宜。山东大部分在3月20日后播种，4月10日前应完成所有播种任务。在广西一般1月19日至3月19日播种。

目前银杏播种量各地相差甚大，在每亩22.5～150kg范围内。播种量大小与单位面积产苗量、种子品质及损耗系数有关。综合各方面因素，每亩播种量不应低于40kg。为提高幼苗成活率，可以采取“高密度育苗”，即采用5cm×20cm播种密度，产苗量可增加到4.0万～6.0万株。但须从第2年开始隔行隔株疏移，以提高苗木质量。

2.1.2.2　播种方法

科学播种对确保种子适时、均匀、整齐出土、提高苗木产量和质量均有重要意义。

（1）断胚根

银杏属直根性树种，断根可以使侧须根增加，便于起苗，移栽后缓苗期短。该技术通常结合催芽和播种同时进行，将长1cm的胚根从基部剪断，为了便于种子按正确方向摆放。应适当留0.2～0.3cm长的胚根，以判别幼芽的方向。此法较费工，有条件的地方可以应用。

（2）播种

播种方法可采用点播、开沟点播或条播等方法。一般畦宽60～120cm，长度依地形而定。每畦开沟3～5行，沟深2～3cm为宜。最好在播种之前先灌水一次，待土壤稍干后开沟播种。播种时要按既定的株行距和播种量均匀下种，将种子均匀点播到播种沟内。点播时，种子应方向一致、胚根向下、种棱（也称种子缝合线）与地平面垂直或平行、种尖横向。这样出苗率高、出苗快，根颈直立，幼苗粗壮。相反，立（竖）放、顶端（胚根端）朝上或朝下均为不正确的放置方法（图1-36）。

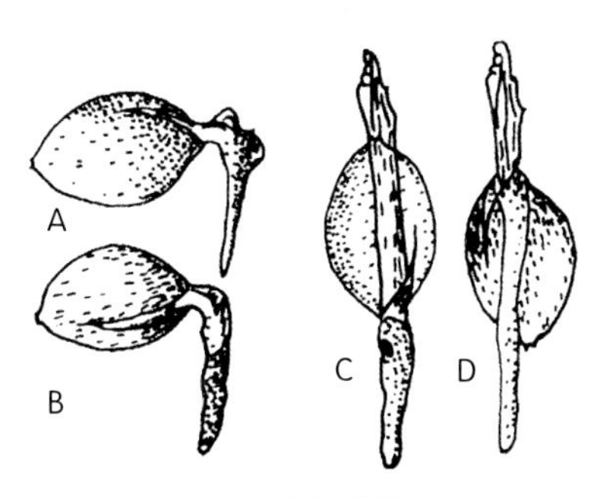

图1-36 银杏播种放置方式
（A、B. 正确；C、D. 不正确）

（3）覆土

覆土时顺行成一小垄，略高出地面1～2cm。切忌过厚，否则出苗时间长、苗木弱、立枯病严重。对于播种较早的北方，可以覆盖地膜或塑料拱棚，但一定及时打孔或去掉拱棚，避免烧苗。

2.1.2.3 苗期管理

苗期管理是提高出苗率、产量和质量的关键。生产上应根据银杏自身的生物学特性制定适宜的管理措施，加强施肥、浇水、排涝、松土除草、覆盖等田间管理，提高合格苗木的比例。

（1）施肥

施足基肥、生长季土壤追肥和叶片喷施交替进行是提高银杏苗质量的三大途径。银杏壮苗培育首先要施足基肥，每亩以有机肥5000～10000kg为宜。生长季节还要追肥3～4次。第1次在初展3～4枚真叶时，即5月中旬；第2次在6月上旬；第3次在7月下旬至8月上旬。每亩每次追施氮肥10～15kg，第2、3次可适当增加磷、钾肥比例。也可以用沤制过的发酵花生麸加尿素、复合肥和水按3∶2∶3∶40比例混合后浅沟浇灌追施。在生长季节，从5月份直到9月份，每月叶面喷施磷酸二氢钾（3%）和尿素（2%）混合液1～2次，时间与土壤追肥错开，具有明显延缓叶片衰老、促进生长的作用。

（2）浇水和排水

1年生播种苗至少要浇水6～8次。生长初期应适当蹲苗，控制灌水，待苗木出现2～3片真叶后可以浇第1次水，以后视天气和土壤状况适当浇水。保持土壤含水量在12%～13%为宜。速生期要多浇水，麦收之前一般至少浇水3～4次。雨季要加强排水，及时松土，增强土壤通气性。

（3）遮阴

银杏属于喜光树种，但幼苗有一定的耐阴性，可以适当遮阴。遮阴可以减少直射光、缓解高温对高生长的抑制作用、促进光合作用、增加土壤含水量、降低地表温度、降低立枯病危害、提高出苗率。但遮阴并不是一项银杏育苗的必需措施，在良好的种子催芽、适时播种、加强管理等前提下，可以全光育苗。遮阴强度视当地光照强度而定，通常40%～65%。遮阴的材料可以选择种植大豆、绿豆、玉米于垄上进行侧方遮阴，也可以行间用稻草、麦草覆盖。苗床育苗可搭设上方阴棚进行遮阴。遮阴强度以透光率60%以上为宜。一般提倡前期遮阴，并在速生期之前去掉遮阴物，全光育苗。遮阴时间以50～60天为宜。

（4）覆盖

为了提高土壤湿度、防止板结、减缓阳光直射、防止杂草丛生及防治立枯病，有条件的地方可以对银杏进行根际覆草、行间覆草处理。该项措施也并非是必须的，生产上应据肥水、种子、管理条件灵活应用。

（5）松土除草

松土除草应在苗木各个生长发育阶段并与施肥、浇水、降雨交替进行。一般灌水后、雨后、幼龄杂草萌生期均应进行松土除草，以提高土壤含水量、防止板结。松土深度前期3～6cm，后期8～12cm。一般1年生苗松土除草8～10次，2年生苗6～8次。有条件的地方可进行化学除草。

2.1.3 容器苗培育

2.1.3.1 容器种类

银杏容器育苗常用穴盘、无纺布容器等。根据容器类型的不同，容器育苗可以分为轻基质无纺布穴盘容器育苗和大田无纺布容器直播育苗两种方式。其中，后者是对传统播种育苗方式的改进，解决了传统银杏大田直播育苗中出苗率不高、土壤透气性差、易板结、幼苗出土困难、根系不发达等问题。

穴盘以聚苯烯泡沫或塑料为原料制成，穴格规则排列成一整体。穴格有不同形状，其数目32～800，穴格容积7～70mL不等。无纺布容器常为圆筒状，规格以装填基质后容器的直径和高度来表示，如“5cm×12cm”表示在装填基质后，容器的直径为5cm，高为12cm。育苗容器成型机制成无纺布育苗容器的直径规格一般有3.6cm、4.3cm、5.5cm、8.0cm、10.0cm、12.0cm等，长度可自由调节。具体容器大小视育苗地区、树种、育苗期限、苗木规格、运输条件以及造林地立地条件等情况而定。大田无纺布容器直播育苗使用的无纺布容器规格一般为直径4.8cm、高13.5cm。

2.1.3.2 营养土配制

根据培育树种配制基质，将泥炭、有机废弃物、蛭石、珍珠岩按一定比例混合后使用。此外，应添加适量基肥和无机肥，用量根据培育期限、容器大小及基质肥沃度等确定。要求基质所需总孔隙度为60%～80%，通气孔隙度为20%～30%，持水孔隙度为40%～50%，水气比为1.5：1～4：1，pH 4.5～7.5为宜。大田无纺布容器直播育苗的基质通常为草炭土：珍珠岩：蛭石（体积比）30：7：3，外加1.0%缓释肥、0.5%过磷酸钙、0.5%硫酸亚铁和0.1%多菌灵。

基质需经消毒处理。40%福尔马林用1：50（潮湿土壤）或1：100（干燥土壤）药液喷洒至基质含水量60%状态即可，搅拌均匀后用不透气的材料覆盖3～5天，撤除覆盖、翻拌无气味后即可使用。或用3%硫酸亚铁25kg/m^3，翻拌均匀后，用不透气的材料覆盖24h以上，或翻拌均匀后装入容器，在圃地薄膜覆盖7～10天即可播种。

在基质消毒后用菌根土或菌种接种。菌根土应取自银杏大树或人工林林内根系周围表土，或从同一树种前茬苗床上取土。菌根土可混拌于基质中或用作播种后的覆土材料。用菌种接种应在种子发芽后一个月，可结合芽苗移栽时进行。

2.1.3.3 播种方法

（1）轻基质无纺布穴盘容器育苗

①育苗设施。容器育苗应具备调控光、温、水、气等设施，如温

室、大棚、遮阴棚、喷灌、喷雾等。

②基质装填。无纺布容器由专门的育苗成型机进行灌装生产，育苗成型机应能实现容器成型、基质灌装一次完成。

③容器摆放。专用育苗箱摆放。成型容器排放在专用育苗箱中，专用育苗箱摆放在可移动苗床上，将专用育苗箱架空，利用空气自然修根。无纺布作畦摆放。在平整的圃地上，划分苗床与步道，苗床一般宽1.0～1.2m，床长依地形而定，步道宽40cm。床面应低于步道，床面覆盖无纺布，将成型容器排放在床面的无纺布上。育苗地周围要挖排水沟，做到内水不积、外水不淹。

④容器直播育苗。选用种子净度99%、发芽率85%、优良度90%的种子育苗。种子须经层积催芽，种子露白后播种。春季播种。每个容器播1粒。用喷雾装置将容器内的基质充分湿润，用专用播种机或人工将种子均匀地播在容器中央，做到不重播、不漏播。播后及时覆盖湿沙或基质，覆盖的厚度1～1.5cm。

（2）大田无纺布容器直播育苗

①整地。秋天对播种地进行全面深翻，并施足基肥，翌年春天整平打畦。作畦后马上灌水一次，土壤含水量以田间持水量的60%左右为宜。

②点播。首先向营养杯中灌入适量水，待水渗入之后，用木棍等工具在营养杯中挖一小洞，后将银杏种子放入营养杯中，点播时，种子应胚根向下、种棱与地面垂直。

③覆土。将营养土与普通土等量混合，作为覆盖土。将种子点播进营养杯后，立即用配好的覆盖土覆于营养杯上部，覆土厚度以1～2cm为宜。

④覆盖。采用覆垄的方法进行覆膜，地膜应完全覆盖垄和营养杯，然后用土将两侧压实密封，压土过程中应避免压到营养杯。

⑤打孔。4月下旬，在傍晚用刀片等工具在已出土的种子上部的地膜上破开小孔，保证幼苗生长过程中不与地膜接触，防止烫伤幼苗。（图1-37～图1-43）

图1-37　大田无纺布容器直播育苗——容器规格4.8cm×13.5cm（邢世岩 摄）

图1-38　大田无纺布容器直播育苗——整地作畦（邢世岩 摄）

图1-39　大田无纺布容器直播育苗——开沟摆容器（邢世岩 摄）

图1-40　大田无纺布容器直播育苗——播种（邢世岩 摄）

图1-41　大田无纺布容器直播育苗——地膜覆盖（邢世岩 摄）

图1-42　大田无纺布容器直播育苗——出苗（邢世岩 摄）

图1-43　大田无纺布容器直播育苗——1年生苗（邢世岩 摄）

2.1.3.4　苗期管理

（1）灌溉

在出苗期和幼苗生长初期应多次适量勤浇，保持基质湿润；5月如果天气干旱，浇水1～2次。速生期应量多次少；生长后期应控制浇水。土壤封冻前灌封冻水一次。

（2）追肥

容器苗追肥时间、次数、肥料种类、施肥量应根据树种和基质肥力而定。根据苗木各个发育时期的要求，调整氮、磷、钾的比例和施用量，速生期以氮肥为主，生长后期停止或少量使用氮肥，适当增加磷肥、钾肥。追肥结合浇水进行，将所施肥料配成1∶200～1∶300浓度的水溶液叶面喷施，前期浓度不可过大。追肥后应及时用清水冲洗幼苗叶面。

2.2 嫁接育苗

2.2.1 接穗采集

2.2.1.1 接穗选择

接穗选择大粒、早实、丰产、优质、出核率和出仁率高、口感香甜、糯性强的优良品种。穗条可从结果的母树或采穗圃中采集。穗条以1～3年生为宜，技术熟练的情况下亦可选5～10年生接穗。

银杏嫁接苗具有斜向生长的位置效应，即分生组织的机体状态由其在树体上的位置决定，并在营养繁殖过程中保持稳定。该效应使银杏植株矮化，提前结果，适用于庭院绿化及盆景的制作。但是，位置效应会导致银杏嫁接苗树体弯曲，成层性差，不能表现母树的优良生长性状，繁殖速率低，不便于纺锤形树形的培养，更不便于密植。为了克服位置效应，在采集接穗时，最好选择采穗圃内幼树新梢、母树顶芽或基生复干等幼龄状态的材料。

2.2.1.2 采集时间

接穗采集时间与嫁接时期、嫁接方法有关。从全国来看，银杏嫁接以春接和秋接为主。春季于芽萌动前采集，接穗处于半木质化状态，养分足，愈合快；秋季于落叶后采集，带叶柄嫁接，条内水分含量高，发芽早，比春天边采条边嫁接成活率高（95%以上），应大力推广。山东可在3月20日至4月10日，7月、8月或9月初嫁接，当年生产“半成品苗”。嫁接方法依次可选用双舌接、插皮接、劈接、方块芽接、腹接、切接、合接等方法。广西在2月下旬至3月上旬和9月中旬至10月中旬，采用切接或切腹接。浙江在3～4月、8～9月上旬，采用贴枝接、方块芽接或劈接。总的原则是：春秋枝接，小砧舌接，大砧插皮或劈接。

2.2.1.3 接穗截制

接穗要求芽体肥大、饱满，每穗2芽，粗0.3～1.5cm，长5～10cm为宜。条源充足时可以长条嫁接，长度15～30cm，效果亦很好，但当年大多不抽枝，翌年抽生2～4个枝条。

接穗可从枝条的上、中、下分别截制，顶芽单独嫁接。银杏枝条髓心不明显，全条均可应用，枝条的上、中、下三段成活率差异不十分明显。用茎段接穗嫁接比用顶芽接穗接后提前萌动4～5天，成活率可达90%以上。顶芽接穗培育的嫁接苗顶端优势明显，可培养成纺锤形树冠，但顶芽以下的“枝段接穗”嫁接苗生长有明显的斜向生长。

2.2.1.4　接穗贮藏

半木质化接穗应在剪条后3～5天嫁接，否则易失水，降低成活率。秋季落叶后采集的接穗应混沙贮藏，有条件的地方可以两头蜡封后贮藏。

秋季11月落叶后采集的穗条，按30～50枝一捆混沙室外窖藏。贮藏坑深度50cm，宽1～2m。封冻前每10天翻条一次，以防霉烂。翌春3月上旬及时翻动，防止发热烂条。沙的湿度应低于饱和含水量的60%。贮存时不要截制，整条贮好，嫁接前截成每穗两芽再蜡封即可。

蜡封方法是先将大铁锅或铁盆内倒入清水，底部加热。锅内放入一脸盆或小型铝盆，倒入少许清水，再加入工业石蜡。随着脸盆外热水的升温，盆内石蜡逐渐熔化，待全部化完后，蜡温控制在80～90℃，即可开始蜡封。蜡封时先将截制好的接穗一端迅速蘸蜡液，然后倒过来再快蘸另一端，每次4～5根，否则易粘到一起。注意两点，一是蜡温要控制好，蜡温太低时，接穗蘸蜡后发白，说明太厚且一推便掉，效果不好。良好的蜡封应是无色透明状，密封均匀、推不掉。二是蘸蜡时速度要快。半木质化接穗顶芽由于较嫩，蜡封后当年不萌发但能成活，翌年发芽抽枝。

2.2.2　砧木选择

通常选择生长健壮、干高40～60cm的2～3年生实生苗作为砧木。

2.2.3　嫁接方法

银杏嫁接分枝接、芽接，生产上以枝接为主。

2.2.3.1　枝接

（1）双舌接

双舌接接合面为95%～100%，愈合速度快，成活率为95%以上，新梢生长量大，砧穗接合牢固，春、秋皆可，抗风折。主要适于苗木快繁、幼树嫁接，是目前银杏嫁接效果最好的一种方法（图1-44）。削接穗时，先在接穗基部平滑处削一长2.5～3.0cm的单马耳形切面，但先端不要割到皮部，须留木质0.1～0.2cm（图1-44A）。然后再在斜面由下往上1/3处逆向垂直反切一刀，深度1cm以上，并呈舌状，舌厚度0.2cm（图1-44C）。削砧木时先剪去顶芽，然后在砧木外侧选一平滑面，由下向上斜削一长3cm的单马耳形切面（图1-44B），再在切面上部1/3处由上向下逆向垂直反削一切口，深1cm，使其呈舌状（图1-44D）。嫁接时左手将砧木外侧轻轻张开，右手持穗将舌轻轻顺势插入狭缝内，砧穗骨对骨挤紧并绑缚（图1-44E）。该法适于砧穗粗度1～2cm的良种嫁接，如果穗细砧粗可以一边对齐（图1-45～1-49）。

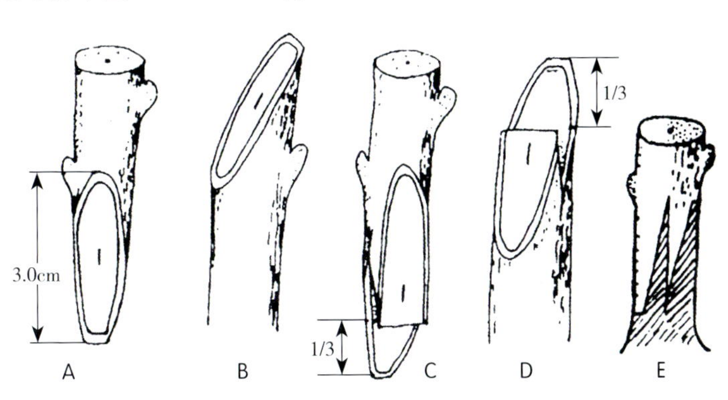

图1-44　双舌接示意图

（A.接穗3.0cm长削面；B.砧木3.0cm长削面；C、D.砧穗削舌；E.插入）

图1-45　银杏嫁接-双舌接-削砧木（单超 摄）

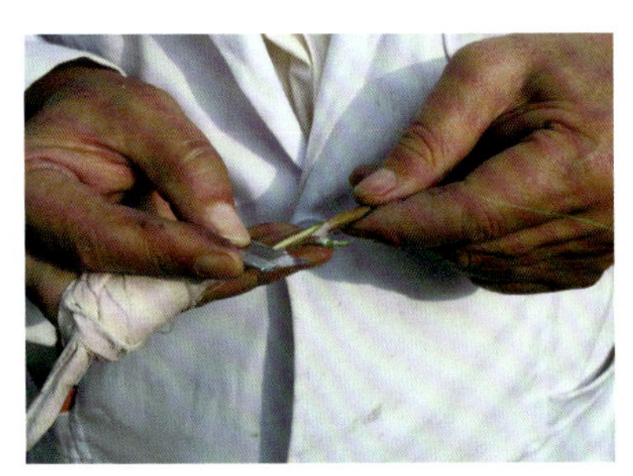

图1-46　银杏嫁接-双舌接-削接穗（单超 摄）

图1-47　银杏嫁接-双舌接-接合（单超 摄）

图1-48　银杏嫁接-双舌接-绑缚（单超 摄）

图1-49　银杏嫁接-双舌接-嫁接成活（单超 摄）

（2）插皮接

插皮接亦称皮下接。此法效率高、易掌握，适于接口较粗（大于3cm）的砧木。当砧木已离皮而接穗尚未萌动时（3月中旬至4月上旬）和秋季嫁接均可使用此法。但此法接合不十分牢固，初期不抗风，严禁早解绑和触动。先在接穗芽背面0.5cm处下刀，削成长3～4cm长的斜面。入刀处要陡，深达穗粗的1/4～1/3。然后在斜面的背面尖端处削成长0.3～0.5cm的短削面，在短削面两侧各轻削一刀，使呈楔形。然后在长削面两侧各轻轻削一刀，使形成层露出（图1-50A）。砧木剪成平切口，在平滑面的一侧上部轻轻横削一刀，再纵切一刀，深达木质部，然后将砧木刀缝两侧皮层轻轻撬开，再把接穗宽削面朝向砧木木质部徐徐插入，上部露白0.3cm即可。粗砧木可以在不同方向接2～4个接穗（图1-50BCDE）。

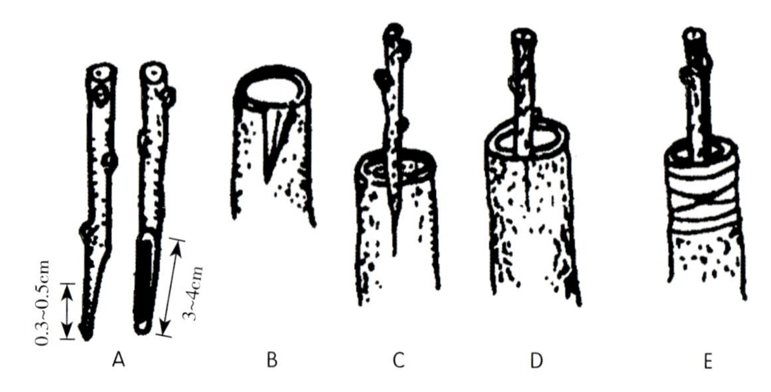

图1-50　银杏插皮接
（A.削接穗；B.砧木开口；C、D.插接穗；E.绑缚）

（3）劈接

该法应用范围最广，但接合面不如前面两种方法大，适于地径大于1.5～2.0cm的苗木。适于春季砧穗均未离皮或7～9月份嫁接。先在接穗最下端芽两侧各削一个3～4cm长削面，使呈偏楔形，外宽内窄（上宽下窄），最上一芽在宽面。砧穗粗度相同时可以削成正楔形。砧木在平滑面沿顶端纵切一刀，长度4～5cm，然后将接穗宽面朝外徐徐插入、绑紧即可。粗砧可以插2～4个接穗（图1–51）。

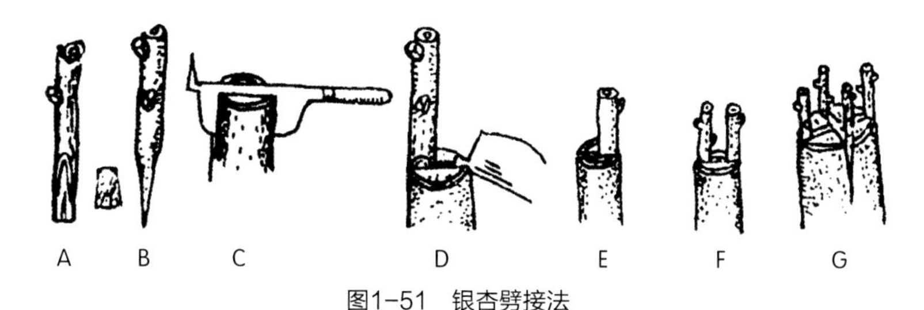

图1–51　银杏劈接法

（A、B.接穗及削面；C.劈砧木；D.插接穗；E.插1个接穗；F.插2个接穗；G.插4个接穗）

2.2.3.2　芽接

（1）带木质部芽接

该法不受离皮与否的限制，而且操作简便、接合牢固、成活率较高。一手倒握接穗，一手从芽基上方1cm处向上斜削一刀，深达木质部。再在芽顶（向内一端）1cm处斜切一刀，深达木质部，不要取刀，顺直向上平削，直到将带木质部的芽片取下为止。芽片一定要光滑，否则不易成活。在适宜嫁接部位的光滑面上，将砧木削成与接芽同等大小并深达木质部的切口，轻轻取下切块。将削好的芽片嵌入砧木切口内即可，因此也称带木质嵌芽接。芽片上窄下宽或上宽下窄均可。接好后再用塑料条自下而上绕芽扎紧。春季嫁接可立即剪砧，夏秋季嫁接翌春剪砧（图1–52）。

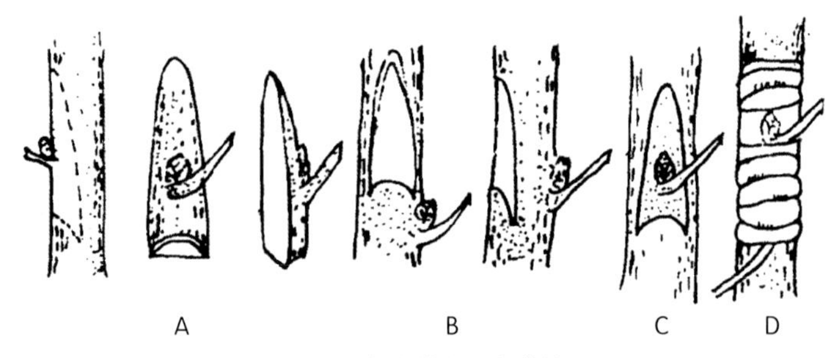

图1-52　银杏带木质部芽接
（A.削接芽；B.切砧木；C.嫁接；D.绑缚）

（2）芽眼方块接

与“T”形芽接相比，该法愈合面大，成活率高。此法比枝接节省接穗，但苗木生长斜向性明显、易偏冠。如果接芽和砧木上的“芽眼”即芽维管束对齐，效果更好，故得名（图1-53）。适于在离皮后和7～9月嫁接。先从接穗上取下长1.5～2.0cm、宽1～1.5cm的芽片，不带木质部。取芽时尽可能多保留芽基部皮内侧的维管组织，以保护好芽眼（图1-53AB）。在砧木上选与接穗大小相似的芽子，同样取下砧木上的芽片，取芽时不要过分伤及砧木上的“芽眼”（图1-53C）。然后将接芽嵌入砧木的切口处，将接芽维管束与砧木芽眼对准、四边对齐，绑扎牢固（图1-53D）。

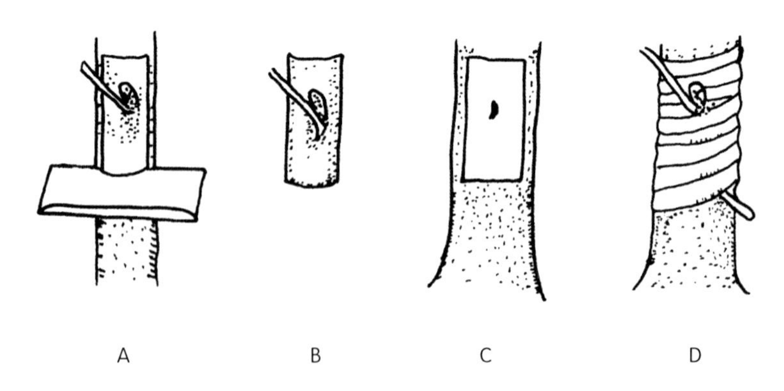

图1-53　芽眼方块接
（A.取芽；B.芽片；C.切砧木；D.包扎）

2.2.4 苗期管理

春季枝接后10～15天产生愈伤组织，15～25天愈伤组织大量发生，25～30天完全愈合成活，并开始抽条。从解绑时间来看，春接苗到高生长接近结束时解绑，秋接苗翌年5～6月解绑。总之，为了使砧穗生长牢固，解绑时间不宜过早。当银杏顶端嫁接后，接穗下部的砧木腋芽及根颈处便大量出现萌条，应及时去除干上的萌芽或尽早打头，对根颈处萌条可采用分株法疏移育苗。

银杏根接后须精细管理，经常松土除草，保持通气良好，最好选沙土地栽植。在良好的条件下，接穗基部常常生根。

2.3 扦插育苗

2.3.1 穗条选择

按照穗条类型和采集时间的不同，可以将银杏扦插分为4种类型，分别为嫩枝扦插、硬枝扦插、带嫩枝扦插和带踵扦插。从采穗圃选择生长发育正常、芽饱满充实、无病虫害的优良品种枝条作为穗条。年龄以1～3年生为宜。

穗条采集时间因扦插方法而异。硬枝扦插采条时间为3月中旬；嫩枝插条采条时间为6月下旬至8月上旬；带嫩枝插条采条时间为4月上旬至5月中旬；带踵插条采条时间为5月中上旬。目前硬枝扦插的成活率较其他三种扦插方式低。带嫩枝扦插和带踵扦插方法类似，二者插穗上部为嫩枝，基部为2年生硬枝，区别是前者为顶生枝，后者为侧生枝（图1－54）。由于插穗下部为硬枝，木质化程度高，扦插过程中不易腐烂，同时上部嫩枝生长旺盛，易生愈伤和生根，因此成活率高，是值得推广的扦插方法。

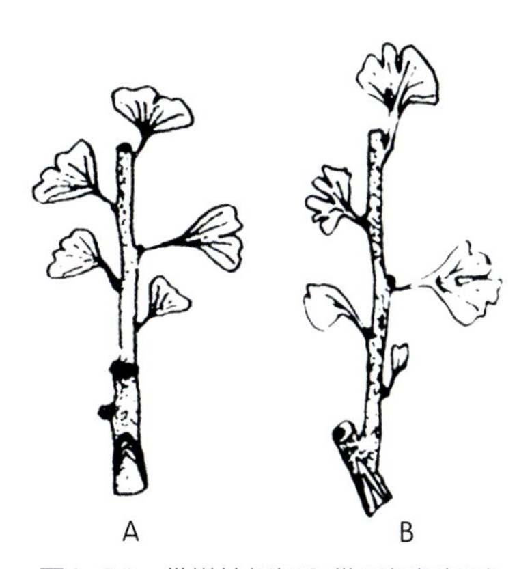

图1－54　带嫩枝扦插和带踵扦插插穗
（A.带嫩枝扦插插穗；B.带踵扦插插穗）

与嫁接苗一样，银杏扦插苗也具有位置效应。为了克服位置效应，在选择扦插穗条时，最好选择采穗圃内幼树新梢、母树顶芽或基生复干等幼年区的材料。

2.3.2 穗条处理

嫩枝插穗和硬枝扦插，插穗应保留1～2片叶，插穗长度15cm左右，上切口为平切口，在芽上方1.0cm处截断，下切口在芽下方1.0cm处截断，并削成单马耳形。

带嫩枝扦插，当年生枝条长达5～10cm时，从新枝与老枝结合处下部5cm处剪下，插穗保留2～4片叶，插穗长度15cm左右，其截制方法同嫩枝插穗。

带踵插穗，当年生侧枝枝条长达10cm左右时，从新枝与老枝结合处下部2cm处剪下，保留新枝10～12cm，新老枝交接处保留上下方各1cm的老枝蒂头，其截制方法同嫩枝插穗。

为了提高扦插生根率，可将穗条基部在1000mg/L的ABT、PRA等复合生根剂溶液中浸蘸30s。

2.3.3 插床准备

在智能温室或全自动喷雾的塑料拱棚内，采用插床或容器扦插。选择蛭石、珍珠岩、泥炭土混合基质，苗床基质厚度30cm以上。容器宜采用无纺布等可降解材料。扦插前5～7天，喷洒质量浓度为0.3%～0.5%的高锰酸钾溶液进行基质消毒，使用药液量为5～10kg/m^2。

2.3.4 扦插方法

插穗随采随插。嫩枝扦插和带嫩枝扦插采用锥孔直插的方法，带踵扦插采用开沟靠壁扦插的方法，插后压实基质。扦插深度5～8cm，扦插株行距以10cm×10cm为宜。如采用容器扦插，宜采用高度8～15cm、直径为8～12cm容器。

2.3.5 苗期管理

扦插后要适时喷水，保持基质含水量30%～50%。可使用遮光率为70%～80%的遮阴网进行遮阴。苗期温度控制在25℃左右，最高不超过30℃。温度过高时可采用喷雾降温、水帘风机降温。控制环境相对湿度在90%以上。视生长状况，可喷洒800～1000倍液的多菌灵或退菌特防治病虫害。

银杏插条属于愈伤部位生根型，不定根白色、粗壮而脆，呈鸡爪状（图1–55）。一般插后10天为愈伤组织形成期，10～15天为根原基形成期，15～20天为不定根形成期，带嫩枝扦插30天可见根。

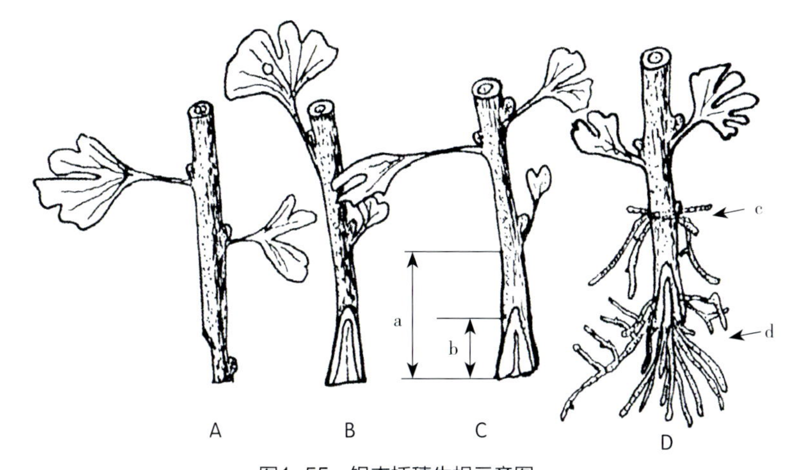

图1–55　银杏插穗生根示意图
（A.播穗下切口侧面；B.下切口正面；C.下切口形成愈伤组织；D.切口和节上生根；a.刺激愈伤部位；b.愈伤部位；c.节上生根；d.下切口生根）

2.4 组织培养育苗

2.4.1　外植体选择

用于银杏组织培养的外植体主要包括茎尖、茎段和胚。选取1～2年生生长健壮、具有品种典型性状的优良单株，取幼苗外围当年生幼嫩枝条，采集时间在3～4月；胚取当年种仁，种子采集时间为10月上中旬，沙藏贮存70～90天。种核除去外种皮、中种皮和内种皮，分离出种胚。

2.4.2 外植体处理及接种方法

2.4.2.1 外植体消毒

剪去茎尖和茎段外植体的叶片，用肥皂水擦洗，然后用自来水冲洗干净，再在无菌操作台下依次用70%酒精消毒30s，含有吐温20的0.1%氯化汞消毒8～10min，无菌水冲洗3～5次，然后用无菌滤纸吸去茎尖和茎段表面的水分。

种胚外植体先用肥皂水擦洗，然后用自来水冲洗干净，无菌操作台下依次用70%酒精消毒30s，含有吐温20的0.1%氯化汞消毒6～8min，无菌水冲洗3～5次，然后用无菌滤纸吸去种胚表面的水分。

2.4.2.2 外植体制备

在无菌环境下，剪取0.5～1.0cm长的茎尖或1～2cm长的茎段，每段留1～2个腋芽或顶芽，转入已消毒的培养皿中备用。将已消毒的种胚，转入培养皿中备用。

2.4.3 培养基配制

2.4.3.1 母液配制

银杏组培所用培养基基于MS培养基，其中包括大量元素、微量元素、铁盐、有机成分和植物激素等（表1–7）。母液配制方法如下。

大量元素（母液Ⅰ，1L，20倍）：称取硝酸钾（KNO_3）38g、硝酸铵（NH_4NO_3）33g、氯化钙（$CaCl_2 \cdot 2H_2O$）8.8g、硫酸镁（$MgSO_4 \cdot 7H_2O$）7.4g、磷酸二氢钾（KH_2PO_4）3.4g，分别用重蒸馏水溶解、混合（注意在溶解氯化钙时，重蒸馏水需加热沸腾，除去水中的二氧化碳，并在混合时最后单独加入，以防沉淀），最后加重蒸馏水定容到1L；使用时，每配制1L培养基可取母液50mL。

微量元素（母液Ⅱ，1L，200倍）：称取碘化钾（KI）0.166g、硼酸（H_3BO_3）1.24g、硫酸锰（$MnSO_4 \cdot 4H_2O$）4.46g、硫酸锌（$ZnSO_4 \cdot 7H_2O$）1.72g、钼酸钠（$Na_2MoO_4 \cdot 2H_2O$）0.05g、硫酸铜（$CuSO_4 \cdot 5H_2O$）0.005g、氯化钴（$CoCl_2 \cdot 6H_2O$）0.005g，重蒸馏水溶解、混合，定容至1L；使用时，每配制1L培养基可取母液5mL。

铁盐（母液Ⅲ，1L，200倍）：称取乙二胺四乙酸二钠（EDTA二

（续）

钠，Na_2·EDTA）7.46g、硫酸亚铁（$FeSO_4 \cdot 7H_2O$）；用重蒸馏水分别加热溶解，然后两者混合，并置于磁力搅拌器上不断搅拌至溶液呈金黄色（加热20～30min），调pH值至5.5，冷却后用重蒸馏水定容至1L，棕色试剂瓶冷藏保存；使用时，每配制1L培养基可取母液5mL。

有机成分（母液Ⅳ，1L，200倍）：称取肌醇20g、烟酸0.1g、盐酸吡哆醇（VB6）0.1g、盐酸硫胺素（thiamine hydrochloride，VB1）0.02g、甘氨酸0.4g，分别溶解、混合，用重蒸馏水定容至1L；使用时，每配制1L培养基可取母液5mL。

NAA母液（1L，40mg/L）：取NAA 0.04g，用少量95%酒精预溶，加蒸馏水定容至1L；加热过程需要水浴加热。

6-BA母液（1L，300mg/L）：取6-BA 0.3g，用少量的0.1mol/L氢氧化钠（NaOH）溶液或1mol/L盐酸（HCl）溶液预溶，加蒸馏水定容至1L。

IBA母液（1L，100mg/L）：取IBA 0.1g，用少量95%酒精或0.1mol/L的氢氧化钠（NaOH）溶液预溶，加蒸馏水定容至1L。

表1-7　MS培养基主要成分及使用浓度

母液种类	成分	使用浓度（mg/L）
大量元素	硝酸钾（KNO_3）	1900
	硝酸铵（NH_4NO_3）	1650
	磷酸二氢钾（KH_2PO_4）	170
	硫酸镁（$MgSO_4 \cdot 7H_2O$）	370
	氯化钙（$CaCl_2 \cdot 2H_2O$）	440
微量元素	碘化钾（KI）	0.83
	硼酸（H_3BO_3）	6.2
	硫酸锰（$MnSO_4 \cdot 4H_2O$）	22.3
	硫酸锌（$ZnSO_4 \cdot 7H_2O$）	8.6
	钼酸钠（$Na_2MoO_4 \cdot 2H_2O$）	0.25
	硫酸铜（$CuSO_4 \cdot 5H_2O$）	0.025
	氯化钴（$CoCl_2 \cdot 6H_2O$）	0.025

母液种类	成分	使用浓度（mg/L）
铁盐	乙二胺四乙酸二钠（Na_2·EDTA）	37.3
	硫酸亚铁（$FeSO_4 \cdot 7H_2O$）	27.8
有机成分	肌醇	100
	甘氨酸	2
	盐酸硫胺素（VB1）	0.1
	盐酸吡哆醇（VB6）	0.5
	烟酸（VB5或VPP）	0.5

2.4.3.2 固体培养基配制

（1）根据配制培养基的量和母液浓度，计算所需母液的量。

计算公式：

$$吸取母液的量（mL）=配制培养基的体积（mL）\times \frac{培养基中物质的浓度（mg/L）}{母液中物质的浓度（mg/L）}$$

或

$$吸取母液的量（mL）=\frac{配制培养基的体积（mL）}{稀释倍数}$$

举例：以配制1L含NAA 0.2mg/L、6–BA 1.5mg/L的MS培养基为例，需要上述母液Ⅰ（大量元素）50mL、母液Ⅱ（微量元素）5mL、母液Ⅲ（铁盐）5mL、母液Ⅳ（有机成分）5mL、NAA母液5mL、6–BA母液5mL。

（2）取一只大烧杯（1L），加入琼脂7～10g、蔗糖30g，加入600～700mL蒸馏水，加热，搅拌，溶解。

（3）按照计算吸取母液的量依次取相应体积母液，加入烧杯中，搅拌均匀，用蒸馏水定容到1L。

（4）用滴管吸取1mol/L的NaOH或HCl溶液调节pH至5.8～6.0。

（5）培养基应尽快（不超过12h）完成灭菌程序。灭菌方式采用高压蒸汽灭菌，在压力0.105MPa、温度121℃条件下灭菌。灭菌时间按照培养基容器大小和培养基体积确定（表1–8）。

表1-8　培养基高压蒸汽灭菌所需最少时间

容器体积（mL）	在121℃下灭菌所需最少时间（min）
20～50	15
75～150	20
250～500	25
1000	30
1500	35
2000	40

注：引自LY/T 1882-2010 林木组织培养育苗技术规程。

2.4.3.3　接种（图1-56、1-57）

在无菌状态下，将培养皿中的外植体用镊子直插式接种于培养瓶中，每瓶接种2～3个。封口膜要及时捆绑。并将品种代号、培养基类型、个人编号以及接种日期标示在瓶上。

2.4.4　培养条件

2.4.4.1　初代培养（图1-58、1-59）

茎段外植体的初代培养使用芽诱导培养基，配方为MS+NAA 0.2mg/L+6-BA 1.5mg/L+0.20% AC；胚外植体的初代培养使用MS培养基，pH 5.8～6.0，培养温度为25℃±2℃，置于1500～2000lx的光照条件下培养10～15天，光照每天8～12h。

2.4.4.2　增殖培养

外植体增殖3～5倍后，剪成1.0～2.0cm带芽小段，转入新的增殖培养基中，培养基配方为MS+NAA 0.1～0.5mg/L+6-BA 0.1～2.0mg/L+0.25% AC；培养条件同初代培养。增殖周期为30～45天。

2.4.4.3　复壮

继代培养8～10代后进行复壮。

2.4.4.4　生根培养

选择生长健壮、叶色正常，高3～5cm的芽苗接种于生根培养基中，培养基配方为1/2MS+IBA 0.5mg/L。培养条件同初代培养。

图1-56　胚外植体接种（单超 摄）

图1-57　茎段外植体接种（单超 摄）

图1-58　胚外植体初代培养（单超 摄）

图1-59　茎段外植体初代培养（单超 摄）

2.4.5　炼苗移栽方法

选取有活力、生长健壮、叶色正常、根数≥5条、根长≥0.8cm的组培苗，温室自然光闭口炼苗2～3周，开口炼苗5～9天，温度保持25℃±3℃。

炼苗后的组培苗，洗净残留的培养基，移栽到无纺布容器中驯化。栽培基质采用细河沙+珍珠岩+草炭土，其体积比为1∶1∶2，使用前12～24h用0.5%～0.7%的高锰酸钾消毒。驯化期间保持温度20～30℃，空气湿度70%～80%，光照强烈时可使用遮光度

60%～70%的遮阴网遮阴。小苗长出新叶后，每7～10天喷施叶面肥一次。经过25～30天驯化即可移栽至大田。

组培苗的瓶苗、出瓶苗、移栽苗均可作为商品苗出售。运输时瓶苗保留在培养瓶中，出瓶苗洗去琼脂后装入塑料小盒，移栽苗统一泡沫箱包装。可再加外包装。琼脂苗应使用纸托盘运输。装车时切勿倒置。用有遮阴设施的车辆运输，高温和严寒季节选用冷藏车。运输途中温度保持8～15℃，72h内到达目的地。移栽苗路途时间不能超过48h。

2.4.6 苗期管理

移栽后的组培苗，视移栽后培育方式的不同，可以参考上述裸根苗或容器苗的苗期管理方法。

2.5 分株育苗

与其他裸子植物不同，复干丛生是银杏从幼龄苗木到千年生大树个体发育的普遍现象。复干起源于茎根过渡区以上的固定潜伏芽，最后萌发形成复干，是个体发育的一部分，具有明显的“反幼”特征，其生长速度远远超过母干（图1-60）。复干茎干粗壮、直立向上。复

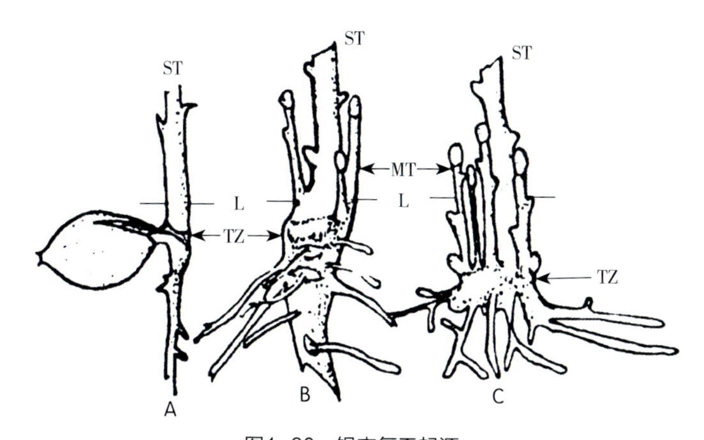

图1-60 银杏复干起源

（A.出苗期播种苗；B. 2年生播种苗；C. 2年生扦插苗；TZ.茎干过渡区；ST.母干；MT.复干；L.地平面）

干的发生，可以使苗木复壮，提高银杏苗木的质量和经济价值。复干虽然位于根茎交界处，但并不属于根蘖，属于“茎生枝”的范畴，在银杏中未发现有根蘖的存在。银杏古树通常适应性强，利用古树的复干进行大面积繁殖，对保留古树的优良性状具有重要意义。

2.5.1 母树选择

复干在2年生实生苗上便有发生。生产中出于保留古树资源的目的，通常选择树龄100年以上的银杏古树。选择母树根茎交界处生长的1～50cm高的复干进行分株育苗。

2.5.2 分株时间

分株育苗在春季和秋季均可进行，春季操作时间选择土壤解冻后至树液流动前，秋季选择树液停止流动后至土壤封冻前进行操作。一般春季以2月上旬至4月上旬为宜，秋季以11月中旬至12月期间为宜。

2.5.3 分株育苗技术

2.5.3.1 促发复干技术

分株前应对母树进行预处理，促发其产生大量复干。早春土壤解冻后，刨开母树根旁的土壤，在根茎交界处割划一些伤口，对已萌生的复干，去除其顶芽，促使其产生新的不定芽形成大量复干。操作完成后及时回填土壤。

2.5.3.2 生境及古树处理

分株前清理银杏古树周围杂物，如石料、砖料、水泥、石灰及杂草等，用小锄挖开主干附近范围内的土壤，并用小刷子清理掉根系周围的土壤，注意尽量不损伤根系，垂直深度0.3～1.0m，以露出复干的全部根系为宜，确保复干根系悬露于空气中，准确定位复干与母株的交界处。

2.5.3.3 分株技术

用利刀将复干两侧自上而下纵切，然后在复干与母干交界处将复干垂直切下，复干高1～50cm均可，下部必须要带有根或根盘组织，只带有一部分母体的原生韧皮部也可成活，一个芽即可分株培育成一个小苗（图1–61）。

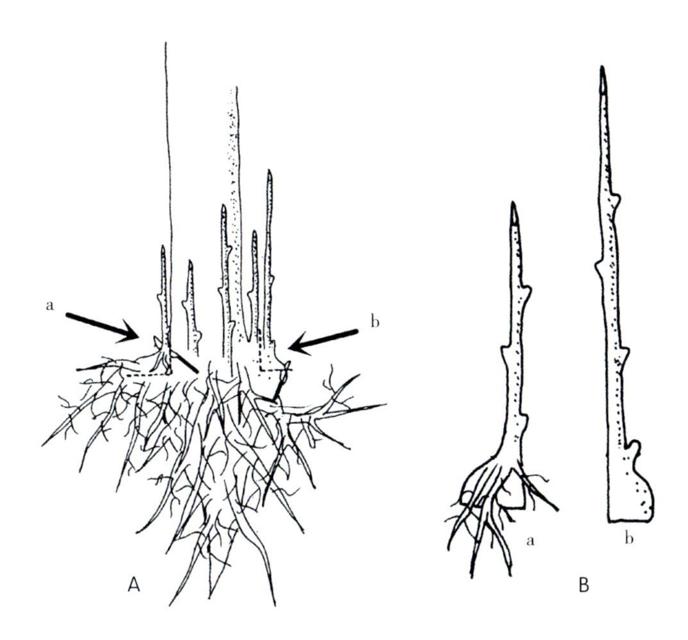

图1-61　银杏分株技术
（A.复干及分株位置；B.分株后复干形态；
a、b.切割下来的母体根盘组织）

2.5.3.4　育苗与定植管理

选择地势空旷、阳光充沛、土壤质地疏松、土层深厚、排水良好的地段作为银杏育苗圃地。与母体分离的复干应立即移植于苗圃中进行二级育苗，培育成壮苗，育苗株行距20cm×30cm，加强肥水管理，及时去除杂草等；培育2年后定植，定植时的株行距以2m×2m为宜。

2.5.4　母树保护

为了保护古树根系，分株时不采用挖掘机等重型机具，全部用人工取土。为了防止古树倒伏，应使所有根架保持原样，清理根系上杂物，清除腐烂根，辅以配制营养土回填等改土措施，对古树进行保护。

3 移植技术

3.1 裸根移植

3.1.1 移植地准备

选择地势空旷，阳光条件充沛，土壤质地疏松，土层深厚，排水状况良好的地段作为银杏育苗圃地。所选地段10℃以上的年活动积温需达到4000～6500℃，灌溉条件好，年降水量600～1200mm，无霜期195～300天，土壤pH 6.5～7.5。

3.1.2 移植密度和次数

栽植密度与苗龄、培育目的、立地条件及技术水平有关。在采用疏移的情况下，第1年每亩22000株，第2年11000株，第3年5550株，第4年2775株，第5～7年694株，第8～10年347株为宜，第11～13年173株为宜。对于疏移出的苗木，可按上述密度及培育年限定植，也可以在种植园内定植，待达标准高度后嫁接。银杏移植苗龄、保留密度及苗木质量见表1-9。

表1-9　银杏移植苗龄、保留密度及苗木质量

苗龄（年）	每亩株数（株）	株×行距（cm）	苗高（cm）	粗度（cm）		根长（cm）
				地径	胸径	
1	22000	10×30	20	0.5～0.8		＞25
2	11000	20×30	100	0.8～1.5		＞25
3	5550	20×60	150	>2.0		＞25
4	2775	40×60	200	>2.5		＞25
5	694	80×120	300		2.5～3.0	＞25
6	694	80×120	>400		>4.0	＞30

（续）

苗龄（年）	每亩株数（株）	株×行距（cm）	苗高（cm）	粗度（cm）		根长（cm）
				地径	胸径	
7	694	80×120	>450		>5.0	>30
8	347	160×120	>500		>6.0	>30
9	347	160×120	>550		>7.0	>30
10	347	160×120	>600		>8.0	>30
11	173	160×240	>650		>9.0	>50
12	173	160×240	>750		>10.0	>50
13	173	160×240	>800		>11.0	>50
14	87	320×240	>850		>12.5	>50
15	87	320×240	>900		>14.0	>60
16	87	320×240	>950		>15.5	>60
17	73	300×300	>1000		>17.0	>60
18	55	300×400	>1100		>18.5	>60
19	44	320×480	>1200		>20.0	>60
20	33	320×480	>1300		>21.5	>60

3.1.3 移植时间

移植时间以秋季和春季为好。春季移栽于解冻后至发芽前进行，并于4月20日前结束。秋季移栽应在落叶后的11月中下旬进行，也可以秋季起苗、冬季假植、春季栽植。

1年生苗木于第二年春天第一次移植，以后每年抽株或抽行，二者隔年交替进行。

3.1.4 起苗及苗木处理

选择根系完好，苗干健壮，顶芽饱满的银杏苗木进行移植。根据苗木大小，可采用人工或挖掘机械起苗，起苗时应保护苗干和根系，做到不伤干、不伤芽，确保根系完整。

起苗后的裸根苗剪去过长、撕裂、病弱根及过密根系。对于长距离运输或轻微失水的苗木，要浸水24h，可加入生根剂。也可蘸泥浆保护根系，具体方法为：选择黏壤土，挖深20～30cm圆土坑；去杂物，然后边加水边搅拌，使之呈稀泥状；双手握住苗干与泥浆的水平面呈10°～15°倾角，先将根系一面轻按入泥浆中，均匀用力从一边向另一边拉动，接着将另一面轻按入泥浆中，同样在泥浆中拉动，以确保根系能全部蘸上泥浆。

裸根苗用湿草袋包装打捆、做好标记，用帐篷覆盖运输。

3.1.5　移植方法和技术

可采用沟植法或穴植法。沟植法适于1～4年小苗，穴植法适于5年以上大苗或带土移植的苗木。沟的深度或穴的大小应略大于根系。苗高＞30cm，培土深度超过原土痕2～3cm；苗高＞100cm，埋土深度超过原土痕3～6cm；苗高＞300cm，埋土深度超过原土痕6～9cm。栽后马上浇透水一次。

3.1.6　栽后管理

3.1.6.1　灌溉

栽后浇透水一次。发芽前浇1次水，5月如果天气干旱，再浇1次水。土壤封冻前灌冻水一次。一般大苗在3～6年的培养中，要比常规1年生苗施肥浇水量提高1倍以上。

3.1.6.2　施肥

栽植后翌年春季，在两行间施入腐熟的有机肥2500～5000kg/亩，然后耕一遍，使肥料均匀捣入土中，大苗可开挖放射状沟数条，将肥料拌匀填入沟中。追肥每年3月下旬、5月中下旬、7月下旬至8月上旬进行2～3次。追肥以穴施为宜。1～3年生幼树，每年施纯氮4～6kg/亩，4年以上为8～10kg/亩。

3.1.6.3　平茬与除蘖

对干形弯曲、有机械损伤及病虫危害的苗木宜平茬养干。在早春齐地面截断苗干，用土盖5cm小土堆。当春季萌蘖长到10～15cm时，留一株粗壮、端直的萌条，其余的清除。在生长季节应除萌蘖2～3次。

3.1.6.4　整形修剪

保持单轴分支习性，形成轮生枝，宜采用塔形、圆锥形树冠。树冠对称，抑强扶弱，控制大侧枝伸展方向，轮生枝成层均匀分布。疏除竞争枝、交叉枝、病虫及死亡枝。树高3～4m的苗木冠高比控制在4∶5，大于5m的苗木控制在3∶4。

3.2 带土坨移植

3.2.1　移植前准备

苗龄5年以上宜用带土坨栽植。带土移栽的好处是，在移栽过程中有效地保留了一部分毛细根，移栽后仍能保持一定的吸收水分和养分的能力，有利于苗木的成活及缩短缓苗期。

为便于打土球，同时保证树体水分充足，移苗前3～5天可视情况浇一次透水。起苗前要划好土坨的规格线，方便起苗时在划好的线外沿圆周挖土。挖掘前在树干一侧做好记号，以便栽植时保持原方向。

3.2.2　移植时间

移植时间以秋季和春季为好。春季移栽于解冻后至发芽前进行，并于4月20日前结束。秋季移栽应在落叶后的11月中下旬进行。

3.2.3　起苗和包装

起苗时打土坨的步骤为：定线—初挖—深挖—修整—打腰箍—收底—包扎—断底。所带土坨直径为苗木地茎的5～8倍，最大直径应控制在2m左右，土坨厚度可为直径的3/5～3/4，具体可视原生地土质确定。

一般直径较小树木、挖掘土球为圆形较紧实土壤的，均可用蒲包材料、编织袋加草绳包装；树木直径较大、运输距离较远、挖掘土球大而呈方形、需吊装的大树，应用木箱包装。

土坨捆扎质量好坏也是影响移栽成活率的关键。土坨捆扎常用的方法有井字包法、五角包法和线球包法。无论哪种方法，打腰箍都是必需的。具体采用哪种方法应依当地的土质状况和运输距离而定。如用草绳应先用水浸泡潮湿，以增强韧性，减少脆裂和提断。

树木土坨捆扎好后栽植前，在保持树木整体美观的基础上，疏剪除细弱枝、病虫枝、徒长枝、损伤枝、重叠枝等，短截过长的侧枝，疏枝量以总枝量的1/3～1/2为宜，同时还要遵循树势平衡原理。同时注意疏剪伤口，直径大于2cm的必须涂抹油漆或其他保护剂，防止伤口腐烂或感染病菌。

同时，苗木树干用草绳包扎，防止装运时损伤树皮和水分流失。保留的枝条要用绳捆好，防治运输过程中折断。

3.2.4 吊装和运输

对于直径较大的苗木，可使用机械吊装。吊装过程中注意保护顶梢，装卸车时应轻起轻放，保护好土坨和枝条。

苗木要及时运输，途中注意遮阴和通风，尽快运至移植地。不得风吹、日晒，防止苗木发热和风干，必要时还要洒水。

3.2.5 栽植技术

栽植前应提前挖好种植穴。种植穴的直径要比土坨直径大30～40cm，种植穴的深度要比土坨高度大20cm左右。

树木随到随栽。将苗木轻轻斜吊于定植穴内，撤除缠扎树冠的绳子，将树冠立起扶正，仔细审视树形和环境，移动和调整树冠方位，要兼顾苗木原来的朝向和最佳观赏面的景观需要。边调整边回填土，确保银杏树土球底部不悬空。在确定位置、深度、朝向都适宜后，吊杆便固定不再挪动，撤除土球外包扎的绳包。因土球底部包扎的草绳被土球自重压住，不易撤除，这时，千万不可硬拽，以防土球散开。可以用剪刀，将露出部分剪除或剪断后外翻埋于土中。然后回填种植土，土分层夯实，尽量把种植土在土球四周捣实，防止苗木根系踏空透风。埋土深度以土坨以上10cm为宜（管立民，2016）。

在填土踩实后，用粗木杆等，采用三角或四角法给树木支撑固定，固定点在树高1/3～1/2处为宜。支架与树干接触部分应加软物垫好，防止磨损树皮。与地下连接必须牢固，绝不能用带有病虫害的木杆做支撑固定保护架。

在树木支撑固定后，在根部做一个围水堰，高度为15～20cm，直径应等于或大于土坨的直径。

3.2.6 栽后管理

3.2.6.1 浇水

银杏栽植后紧接着灌大水、透水一次。此时正确使用生根剂，有利于发出新根。浇水时要全面检查，发现跑水、倾斜等及时纠正。7～10天再灌第二次水，待水下去后封穴，以后视土壤墒情再决定开穴浇水。

银杏成活后，在土壤化冻后发芽前浇第一遍水。5月份如天气干旱，可浇第二遍水。雨季应视天气情况浇水。秋末或冬初浇防冻水。

银杏耐旱怕涝，一定要根据土壤墒情、天气变化和树木自身反映等综合因素进行浇水。阴雨天时要注意排涝，防止因根系呼吸量大而土壤中水分过多氧气缺少造成根系腐烂死亡。

3.2.6.2 施肥

施肥在春秋两季，在树冠外围，用环状施肥法或打洞的方法，施一次腐熟的有机肥，施后浇水。必要时可喷施叶面肥。

3.2.6.3 除草

在养护过程中需及时中耕锄草，减少杂草。除草有利于树木生长，同时改善土壤的通气条件，促进根系生长，萌发新根。

3.2.6.4 “假活”与“假死”现象

银杏大苗移植后，有“三年不死，三年不活”的现象。有些苗木即使是死了，它的叶子还能展开，甚至第2年或第3年还能发芽，这是它自身水分和养分供给的结果，但是叶子很小，待它消耗光了，就再也不发叶和芽了，这就是银杏的“假活”现象。而有些是第1年不发叶，第2年也不发叶，如果掐皮会发现是有水分的，枝条也不干缩，这种树就不能确定是死的，很可能第3年就能发出芽和叶子来，这就是银杏的“假死”现象。

确定银杏树的“假活”与“假死”，不能只看叶，重要的是看根。

如果根部已经发黑，枝干上还有叶子，它就是“假活”。鲜活的树木根的木质部应该发白，根皮与木质部紧贴，略显红色（董培玲，2014）。

4 修剪技术

4.1 苗木造型种类

4.1.1 自然生长形

银杏苗定植后任其自然生长形成的树形。此类型树冠郁闭度大、成形早，但层次不清。适宜于叶、材兼用式银杏园。宜于光照、通风良好的平原地区（朱丽静，1995）。

4.1.2 圆头形

圆头形树形通透性好，比较容易成型。修剪可以分层进行，第1层留主枝干3～4个，第2层留主枝干2～3个，主枝自然分层，相互之间不重叠，增加光合面积，同时主枝上留有侧枝，提升树形的圆满程度（原红滨等，2018）。

4.1.3 塔形

该树形中央领导干粗壮直立，其上主枝均匀着生，各主枝间螺旋排列，下部主枝长、冠径大，上部主枝长度依次缩短，全树外形似塔形。修剪时需选定中央领导干，不剪顶芽，在树干中下部留3～4个不同方位的主枝作为第一层，角度为60°～70°，向四周伸展，主枝上留2～3个侧枝。第二层为2～3个主枝，并尽量避免与第一层主枝重叠，侧枝适当减少。第三层主枝1～2个。

4.1.4 柱形

该造型的主要特征是苗木上下冠幅一致，呈柱形，适宜密植。在日本一些地区为了抵御风暴潮，常将银杏修剪为柱形。造型时需保持中央领导干，对中央领导干上发出的第二芽梢采取重摘心或扭梢等措施控制其长势。在下部选留4～6个长势好、方位与着生位置错落有致的新梢作为主枝培养，选留的新梢（不含中央领导干的延长梢）若此期长到50cm以上可以修剪或摘心，生长壮的新梢摘心重些，弱的摘心轻些或不摘心，促发侧枝，平衡选留梢的长势。冬季修剪时，疏除过密的重叠枝、交叉枝、超过主干1/3的大枝，主枝长度保留0.5～1m，保持树冠上下冠幅基本一致。

4.2 修剪季节

银杏修剪时期分冬剪和夏剪。不同修剪时期，不仅修剪方法和修剪量不同，而且效果也大不相同。这主要与银杏在年周期中的不同时期其营养基础和器官基础不同有关。

银杏冬季处于休眠状态，体内贮藏养分较足，冬剪越重，贮藏养分则越集中，来年新梢生长量越大。而夏季修剪主要是控制体内养分损失，促进养分的积累和转化。从修剪效果来看，银杏应以冬剪为主，夏剪为辅。通常冬剪应在落叶后至翌春发芽前进行，主要方法有短截、疏枝等；夏季修剪宜在萌芽后至停止生长前进行，主要方法有缓放、摘心、抹芽和除萌蘖等。

无论何时修剪，一定要注意3个问题：一是留枝数量适当，确保主枝粗壮；二是角度开张、通风透光，主枝与干轴角度保持60°～65°，侧枝与主枝保持50°～60°开张角度，树冠内膛有枝条抽生，年生长量25～30cm；三是以干定冠、枝多不乱，各种栽培方式或树形，除配备主、侧枝外，应尽量多留营养枝。

4.3 修剪方法

4.3.1 不同季节修剪

4.3.1.1 冬季修剪

（1）短截

银杏与苹果不同，同一枝条上芽的质量相差很大。一般基部4～5个芽瘪不饱满，萌发力弱，而中部和梢部芽圆肥而大，萌芽率及抽枝率高。修剪后，下部芽易成短枝，而中上部芽易抽长枝。因此可以根据需要破除长枝或剪去长枝的1/3，一般剪口下可发2～3个长枝，当年新梢可达30～50cm。短截对枝条复壮、增加新梢量有明显效果。

（2）疏枝

当为了加大层间距或层内距时，要把多余的徒长枝、细弱枝，以及衰老的下垂枝、枯枝、轮生枝或邻近枝自基部疏除。疏枝对改善冠内通风透光条件、削弱基枝生长势、调节剪口上下枝条生长均有重要意义。

4.3.1.2　夏季修剪

（1）缓放

对主侧枝、延长枝或营养枝不予短截称为缓放。缓放可使枝条继续延伸生长，增加中短枝数量和枝龄。这在成种期以前的树，特别是幼龄树应用较多。

（2）摘心、抹芽和除萌蘖

在北方5月中旬到6月上旬实施长枝摘心，可以促进二次生长、增加枝叶量。即使当年不抽枝，来年的抽枝力明显提高。同时在生长季节应对接口以下的侧芽或树干基部的萌条进行抹芽、打头或去萌，以促进树冠发育。

4.3.2　不同栽培目的修剪

银杏用途广泛，不仅可以果用、叶用、材用，还可以用作林粮间作、“四旁”栽植、城乡绿化和盆景观赏等。根据苗木栽培目的不同，苗木修剪方式也不同。

4.3.2.1　银粮间作及“四旁”栽植

此类银杏树应培养成高大的塔形树冠。从树体结构上看，要有明显的中心干，主干高度在2.5m以上，着生6～7个大枝，第一层3～4个，从第一层主枝向上0.7～1m选配第二层1～2个主枝，再从第二层主枝向上1m以上选配第三层1～2个主技，以后中心干心或嫁接雄枝任其生长。第一层主枝方位要摆布均匀，开张角度60°以上，上下层主枝要插空选留，不得重叠。下层主枝的生长势要大于上层主枝，据主枝的大小选留2～3个侧枝，侧枝间距0.7m以上。有条件的地方可以采用10年生以上大苗，并在干高2.5m处平头接，经过4～5年的修剪即可形成圆头形树冠。

4.3.2.2　城乡绿化

不可强求某种树形而大杀大砍，应以顺其自然为着眼点，并培养成塔形树冠。对于城市、街道、村宅周围栽的银杏树，应严格按照核用、叶用、材用或美化要求进行修剪。对于某些成龄大树，往往根系裸露突起，为了确保树体的生长和发育、便于交通，应及时进行修复和控制。各项修剪工作每年落叶之后，枝条之间可清晰观察时实施。及时疏除重叠枝、徒长枝及病虫枝，锯除大枝之锯口务必保持平滑。

4.3.2.3　盆景造型和修剪

银杏盆景桩景创作技艺可概括为一剪、二扎、三雕、四提、五点缀。而修剪和蟠扎尤为重要。蟠扎分金属丝和棕丝蟠扎两种。金属丝蟠扎成型快、操作简便易行。最好用铜丝或铝丝，以防损伤枝干。蟠扎时间以枝条木质化后效果较好。蟠扎技艺包括：选用8#～14#铁丝—缠麻皮捆带—金属丝固定—按一定方向和角度及松紧度缠绕—弯曲等。金属丝蟠扎可以分别在主、侧枝上进行。

有条件的地方可以用棕丝蟠扎。棕丝与树干颜色协调、不易损伤树皮，美观大方。棕丝蟠扎时，先扎主干，后扎主枝、侧枝，先扎顶部后扎下部。每扎一个部分时，先大枝后小枝，先基部后端部。棕法包括底棕、平棕、撇棕、连棕、靠棕、挥棕、套棕、吊棕等10余种。结合银杏的斜向生长习性并采用适宜的蟠扎技术才能获得比较理想的造型。

银杏盆景作为一种造型艺术，它的形象来源于自然，但不能机械模仿。修剪是银杏盆景造型的主要技艺之一。修剪的目的在于突出主干，表达各种不同的意境，充实观赏枝，提高艺术价值，使之自然古朴，清秀淡雅。总之通过修剪去其多余，留其所需，补其所缺，扬其所长，避其所短，达到树形优美的目的。通常要灵活应用背上芽和背下芽，调整枝角，以达到斜向或垂直生长的目的。对多余的侧枝、平行枝、交叉枝、过密枝、徒长枝、病枯枝应及时进行修剪。

5 管护技术

5.1 施肥

施基肥以有机肥为主，有机肥与无机肥结合效果最佳。要求总氮的80%~90%来自有机肥，10%~20%来自无机肥。银杏特别喜欢“粗肥”，尤其是土杂肥、堆肥、人粪尿、厩肥、饼肥等。基肥可沿树冠垂直向下位置开沟深施，沟深20~30cm。

5.2 灌溉

5.2.1 灌溉时间和次数

银杏喜水但又不耐涝。银杏苗木生长过程中必须有足够的水分供应。尤其是新梢生长期和根系速生期，天气炎热、蒸腾量大，需水则更多。据各地经验，银杏属喜肥适水树，实际生产过程中要浇好发芽水和越冬水。发芽水于春季发芽之后进行，目的在于确保苗木发芽对水分的需求，对新梢生长也有促进作用。山东一般在3月中下旬进行。越冬水一般在落叶后、霜冻前进行，晚秋干旱几率高，灌水有利于贮藏养分，增强树体的抗寒能力。

灌水次数视苗木发育阶段和气候状况而定，每年灌水6~10次为宜。从灌水量来看，成龄树每株每次灌水300~400kg，而幼树酌情减量。灌水时须一次灌透，每次需浸湿土层0.8~1m深为宜。

5.2.2 灌水方法

灌水方法一般分为沟灌、分区灌、盘灌、喷灌、滴灌等。

沟灌是在园内行间开沟灌溉，密植园每行开1沟。稀植园每75~150cm开沟，深度20~25cm。该方法常用。

分区灌是把银杏园划分成许多小区，纵横做成土埂，也可以一株树或几株树为一个小区。此法费水且土壤易板结。

盘灌是以树干为中心，以土作埂围成圆盘，圆盘与灌沟相通进行引水灌溉。

有条件的地方，可以在银杏园内设计并安装喷灌或滴灌设备，这两种灌水方式不仅省水，而且土壤长期处于湿润状态，土壤通透性良好。这两种灌溉方法已在国内外许多银杏园内使用，增产效果十分明显。

5.2.3 排水

银杏喜湿怕涝，与干旱相比，水涝对银杏生长的影响更大。银杏根系含水量高、生理代谢旺盛，长期积水容易烂根。如果园内积水15cm连续2～3天，就会引起叶子发黄；积水7～10天，出现整株树木落叶、烂根现象，甚至整株死亡。一般认为，土壤中氧气浓度10%以上，地上生长良好，15%以上才有新根产生。

南方地区5～6月梅雨季节以及11～12月常为阴雨连绵之季，雨水较多，如果排水不良，易造成根系腐烂。华北地区大部分雨量则集中在7～8月份，此时银杏需水量大大低于降雨量，易发生涝灾，尤其在低洼地带、黄河故道及沿海地区，地下水位高、地势低，排水不良及在雨季易于积水的立地条件下，应及时进行排水工作。

对于平原地区，种植园四周应挖好排水沟，以确保园内积水能及时排出，防止水涝灾害。园内应设计明沟排水和暗沟排水系统。明沟排水是在银杏园内每两行开一条排水沟，种植园四周开深沟，与行间的排水沟相连。为了便于机械化作业，对行间排水沟可以采用暗沟方式，即在50cm以下铺设卵石、炭渣等，多余的水经卵石等间隙浸入深沟排除。

5.3 除草

中耕除草是银杏园生长期间进行的一项抚育措施。中耕除草对消灭杂草、疏松土壤、减少水分及养分损耗、促进生长有重要作用。中耕除草每年至少应进行6～10次，深度以8～12cm为宜。雨后及灌水后应及时进行中耕除草。大田育苗可使用除草剂。

5.4 病虫害防治

大量事实证明，银杏由于具独特的生理和解剖特征，因此具有明显抵御各种病虫危害的能力，与其他果树相比，其病虫害的种类及受害程度要轻得多。

5.4.1 病害防治

5.4.1.1 叶枯病

叶枯病在我国各大银杏产区均可见到，初期常见叶先端变黄，以后逐渐扩展到整个叶缘并呈现褐红色至红褐色的叶缘病斑。6月份为病害初发期，7～9月为发病高峰期。大树较苗木抗病。发病与环境条件有关，大树如根部积水、根系腐烂、生长衰弱则5月开始发病，至6月开始大量落叶，即病害往往提前发生。雄株比雌株抗病，雌株结果越多，感病指数越高。栽培措施对叶枯病也有影响。施基肥的较追肥的轻；银杏与大豆间作感病轻，与松树间作感病重。此外银杏叶枯病的严重程度与栽培水杉的距离有一定关系。一般靠近水杉10m以内的银杏感病指数大于20m、50m以外的感病指数。这与银杏叶枯病与水杉赤枯病的病原菌相同有关。

叶枯病主要防治方法如下。

（1）加强管理、增强树势

提倡冬季施肥、防止积水、适时修剪、通风透光，防止银杏与松树、水杉间作。提高苗木栽植质量，减少缓苗期，增强苗木对外界环境的抗性。

（2）化学防治

用40％的多菌灵胶悬剂和90％疫霜灵粉剂，浓度分别为500倍和1000倍。6月上旬起每隔20天喷树体一次，至9月20日，共喷6次。另外，用BJQ-114防霉剂500 μg/g可以有效抑制孢子发芽。

5.4.1.2 黄化病

现已证明，银杏黄化病是一种非侵染性病害，各大银杏产区均有不同程度发生。黄化的植株较易感染叶枯病，常常提前落叶，高和粗生长明显下降。大树受黄化病危害后，提前落叶，甚至死亡。黄化病约在6月初出现，多半呈零星分布。6月下旬至7月间黄化株逐渐增多。轻微的叶片为先端部黄化、鲜黄色，严重的则全株叶片黄化。由于叶片早期黄化，导致叶枯病侵染，以至8月间叶片褐色枯死，大量脱落。

黄化病可能由多种原因导致。一是降水量过少，导致土壤干旱、水分不足；二是气温高、光强大，蒸腾量大，导致水分供需失调。此外，地下害虫危害、土壤积水、起苗时伤根、定植时窝根、根系扎到风化母质或石砾层养分不足、土壤缺锌等均可导致黄化现象发生。

黄化病主要防治方法如下。

（1）施多效锌

于5月23日左右，每株施多效锌140g，发病率可从100%降到5%。

（2）防治害虫

对苗圃地的黄化苗大多根部遭受蛴螬危害，所以要及时进行苗圃地下害虫防治。

（3）排水、除草

降雨过后，土壤积水，黄化严重。因此要及时排水，防止内涝、烂根，加强松土除草，改善土壤通气性。

（4）保护苗木

提高栽植技术，防止窝根、伤根，减少缓苗期。

（5）加强施肥浇水，提高苗木抗性

对于土层浅的山地丘陵地应结合深翻改土，增加土层厚度，确保根深叶茂。

5.4.1.3　茎腐病

茎腐病在夏季高温炎热地区，尤其以长江流域以南的高温地区较为普遍。1~2年生苗常感此病，初期茎基部变褐，叶片失绿，稍向下垂。以后感病部位向上扩展，直至整株死亡（图1-62）。苗木受害的主

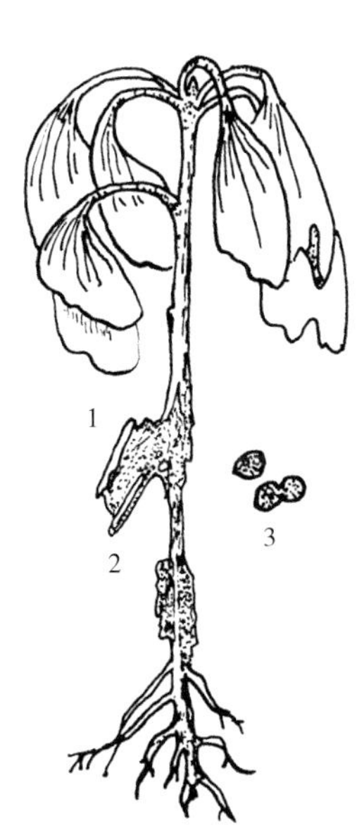

图1-62　银杏茎腐病
（1.银杏茎腐病苗；2.示病部内皮组织腐烂；3.菌核放大）

要原因是夏季炎热、土壤温度过高，由于茎基部受高温损伤，造成病菌侵入。在苗床低洼处易积水，苗木生长差、抗性弱、发病率高。苗木一般在梅雨季节后10～15天开始发病，以后发病率增加，至9月中旬停止。

主要防治方法如下。

（1）栽培措施

①提早播种。争取土壤解冻时即行播种，此项措施有利于苗木早期木质化，增强对土表高温的抵御能力。

②防止苗木的机械损伤。当年生播种苗或1年生移植苗在松土除草或起苗栽植过程中一定要注意不要损伤苗木的根茎，否则极易引起茎腐病的发生。

③遮阴降温。为防止太阳辐射地温增高，育苗地应采取搭阴棚、行间覆草、插枝遮阴等措施以降低对幼苗的危害。

④灌水喷水。在高温季节应及时灌水喷水以降低地表温度，有条件的地方可采取喷灌，更有利于减少病害的发生。

（2）药剂防治

①栽植前对土壤进行消毒。一般在土壤中施硫酸亚铁5～15kg/亩，以杀死土壤中的寄生菌。

②生长期防治：刚开始发病时可用25%多菌灵500倍液进行防治，严重的可用50%多菌灵700～800倍液防治，7～10天喷1次，喷2～3次；发病后可用70%甲基托布津800～1000倍液喷2～3次，或2%～3%硫酸亚铁液浇，还可用1∶1∶100～120倍波尔多液进行防护，15～20天喷1次。

5.4.1.4　猝倒病

猝倒病也称立枯病，是苗木常见的病害之一，死亡率达50%以上。主要体现在种子腐烂、茎叶腐烂、苗木立枯和幼苗猝倒。该病主要危害1年生播种苗，尤其是从出土至1个月以内的苗木。通常连作的苗床发病率高。苗圃地粗糙、板结、黏重、积水、通气不良，不利于种子发芽和生长，病菌易繁殖生长，苗木发病严重。肥料未腐熟常导致病菌蔓延、危害苗木。种子播种在4月20日以后，幼芽出土晚，出土后气温、地温高，幼苗木质化程度差而发病。如果采用播后地膜覆盖，要注意去膜前适当炼苗，否则苗木将因环境条件的剧烈变化而猝倒死亡（图1-63）。

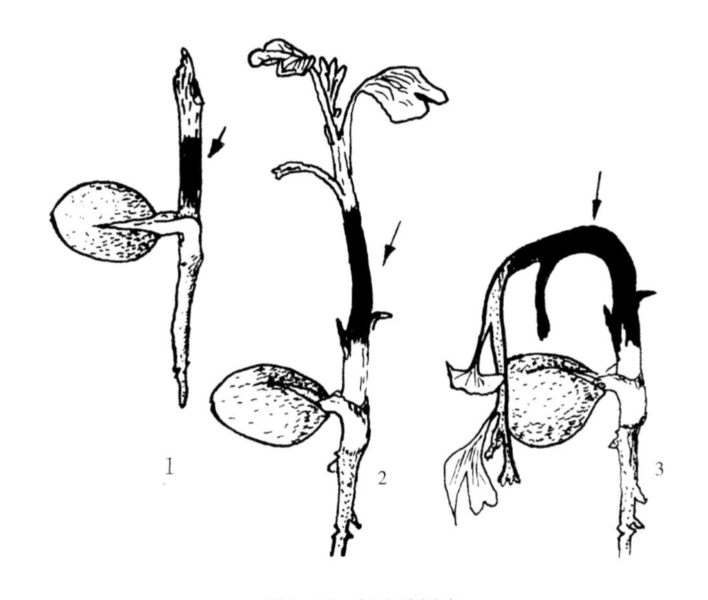

图1-63　银杏猝倒病
（1.刚刚出土幼芽受害症状；2.已出土苗茎受害症状；3.苗木猝倒，箭头示受害部位）

主要防治方法如下。

（1）细致整地，防止土壤积水和板结

有机肥要充分腐熟，并进行土壤消毒。

（2）提高播种质量

确保种子在4月10日前播完，覆土3cm。使种子在播后25天内全部出齐，提高苗木抗性。

（3）药剂防治

用浓度2%～3%硫酸亚铁喷施土壤或苗床，用药液9kg/m^2。雨天或土壤过湿时用细干土混2%～3%硫酸亚铁制成药土，用量100～150kg/亩。另外在发病时可以喷3%硫酸亚铁或喷1∶1∶120～170倍波尔多液；每隔10～15天喷一次。

5.4.2 虫害防治

5.4.2.1 茶黄蓟马

茶黄蓟马在许多银杏产区均有发生，主要危害苗木、成龄树的新梢、叶片，常聚在叶子背面，吸食嫩叶汁液。吸食后叶片很快失绿，严重时叶片干枯，导致早期落叶。成虫体小，约1mm。在江苏一年发生4代。4月下旬至6月上旬为第一代；6月中旬至7月中旬为第二代；7月下旬至8月中旬为第三代；8月下旬至9月为第四代。该虫以蛹在土壤内越冬，早春开始先聚集于银杏幼苗叶片危害，也有的在大树下“抱娘树”上危害。随湿度、温度提高，蓟马便从小苗转到大树上危害（图1–64）。

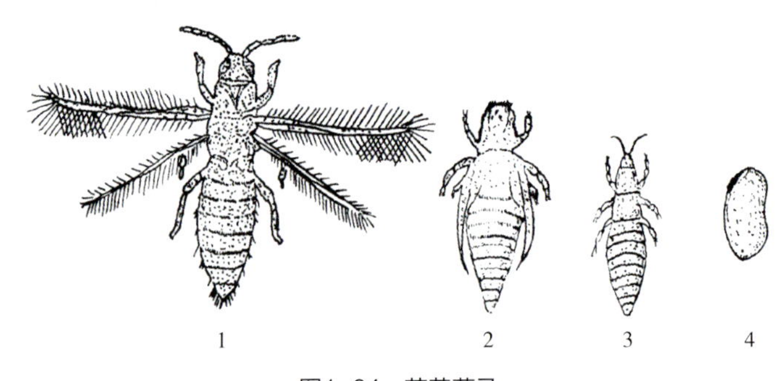

图1–64　茶黄蓟马

（1.雌成虫；2、3.若虫；4.卵）

一般5月中旬蓟马开始出现，7月中下旬达到高峰，9月幼虫量大大减少。4～5年生实生苗每百叶上92头虫子，30年生树每百叶95头。而5～6年生嫁接苗每百叶为7头，移植嫁接大树上每百叶5头。前两种叶片为浅绿色至微黄绿色，后两者叶片浓绿至深绿色。由此可见，叶片颜色直接反映了蓟马的虫口密度，这可能与树体发育状态及该虫的生活习性有关。

防治方法主要有如下几种。

（1）秋耕

通过秋耕冬季冻垡杀死虫蛹。

（2）加强管理

促进树体发育，提高叶片叶绿素含量，增强树势。适时修剪，调整光照，冠内通风透光。

（3）药剂防治

当虫害大发生（≥20头虫/叶）时进行药剂防治。第一次于5月中旬至6月上旬，使用2.5%吡虫啉乳油800～1000倍液或25%吡虫啉可湿性粉剂4000倍液喷雾，第二次于6月中下旬使用2.5%吡虫啉乳油800～1000倍液或25%吡虫啉可湿性粉剂4000倍液喷药。

5.4.2.2　大蚕蛾

银杏大蚕蛾又称白果虫，我国一年发生1代，以卵越冬。卵期由前一年9月中旬开始到次年5月，持续240～250天。在吉林卵孵化期为5月8日至6月2日，在广西为3月底至4月初清明前后。幼虫一般为7龄，各龄期约为一周，幼虫期约为60天，7月中旬开始结茧，经1周后化蛹，蛹期约40天，9月上旬为成虫期，成虫羽化期约为10天，羽化后交尾产卵，以9月上旬开始到中旬产卵完成。一般产卵3～4次，一头雌蛾产250～400余粒。卵多集中成堆或单层排列，产于老龄树干表皮裂缝或凹陷地方，位置多在3m以下1m以上，幼虫孵化很不整齐。初孵幼虫多群集在卵块处，经1小时后开始上树取食，幼虫3龄前喜群集，4～5龄时开始活动，5～7龄时开始单独活动，一般都在白天取食。幼虫在1天中，以10:00～14:00取食量最大。

主要防治方法如下。

（1）提倡秋耕

秋耕加冻垡杀死越冬虫卵，降低虫卵密度。

（2）刮皮

产卵后于树干1～3m处刮皮，并集中烧毁。冬季人工摘除卵块，7月中、下旬人工捕杀老熟幼虫和人工采茧等。

（3）灯光诱杀

成虫有趋光性，飞翔能力强，于9月雌蛾产卵前，用黑光灯诱杀成虫，效果很好。

（4）生物防治

在雌蛾产卵期（9月），可人工释放赤眼蜂，以压低虫口密度。

赤眼蜂对银杏大蚕蛾的寄生率可达80%以上。

（5）化学防治

根据3龄前幼虫抵抗力弱有群集性的特点，可喷洒90%敌百虫1：1500～2000倍液，杀虫率100%；老龄幼虫喷1：500倍液，杀虫率90%。另外，3龄前也可喷50%敌敌畏1500～2000倍、鱼藤精800倍、25%杀虫双500倍液，效果也很好。

5.4.2.3　超小卷叶蛾

在各大银杏产区均有发生，目前只发现幼虫危害。它以幼虫进入短枝和当年生长枝内部进行危害，导致短枝上叶片和幼果全部枯死脱落，生长枝梢枯断。超小卷叶蛾成虫翅展约1.2cm，幼虫长0.8～1.0cm，体较小。该虫一年发生1代，以蛹在粗树皮内越冬。第二年4月为成虫羽化期，4月中旬为羽化盛期，羽化期14～15天。4月中旬至5月上旬为卵期。4月下旬至6月中旬为幼虫危害期。5月下旬至6月中旬后老熟幼虫转入树皮内滞育，11月中旬后陆续化蛹（图1–65）。

成虫羽化多集中在每天6：00～8：00，羽化出蛹壳需7～10min，成虫翅展后均有双翅直立背部的习性，约经30min后，即爬行至树干缝隙处栖息，易于捕捉，9:00后飞向树冠。成虫羽化后，第2天交配，交配后2～3天开始产卵。卵单粒散生，卵多产于1～2年生小枝，每枝产卵1～5粒。卵期8～9天，卵孵化率79.4%。初孵化幼虫长1.3mm，幼虫可爬到短枝顶端凹陷处取食。食量甚少，经1～2天，即蛀入枝内，呈横向取食。幼虫主要危害短枝，其次是当年长枝。危害短枝时，常从枝端凹陷处或叶柄基部蛀孔侵入枝内。幼虫于5月中旬至6月中旬由枝内转向枯叶，叶丝将枯叶侧缘卷起，居卷叶内栖息取食，然后蛀入树皮。幼虫多在粗树皮表面下2～3mm处作茧化蛹。

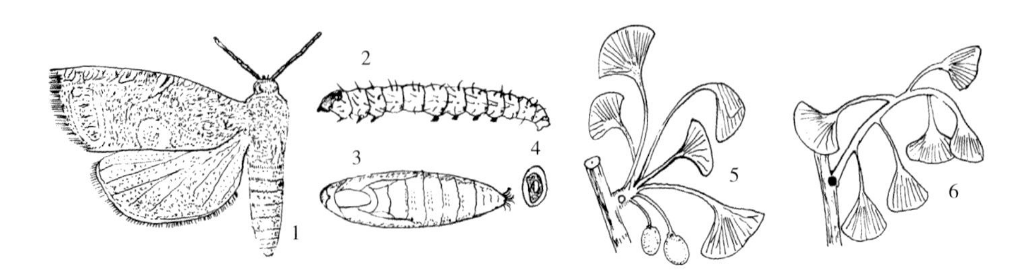

图1–65　超小卷叶蛾形态及植株被害状
（1.成虫；2.幼虫；3.蛹；4.卵；5.短枝被害；6.长枝被害）

主要防治方法如下。

（1）捕杀成虫

根据成虫羽化每天多集中在6:00～8:00和羽化后栖息树干的习性，于4月上旬至下旬每天9:00之前，进行人工捕杀成虫。

（2）截虫枝

在初发生和危害较轻地区，从4月开始，当被害枝上叶、幼果出现枯萎时，人工剪除被害枝烧毁。可消灭枝内幼虫。

（3）化学防治

成虫羽化盛期，即4月9日左右，用50%杀螟松乳油1250倍液和25%溴氰菊酯乳油500倍液1：1混合，用喷雾喷湿树干，对羽化出的成虫杀死率可达100%。根据老熟幼虫转移树皮内滞育的习性，于5月底或6月初，在老熟幼虫开始转移时，用2.5%溴氰菊酯乳油1：2500倍液喷雾树冠和树干，或用2.5%溴氰菊酯乳油、10%氯氰菊酯乳油各1份，分别与柴油20份混合，用油漆刷在树干基部和上部，以及骨干枝的下部，分别涂刷4cm宽毒环，对老龄幼虫致死率100%。

5.4.2.4　黄刺蛾

该虫在华北一年发生1代，南京一年发生2代。以老熟幼虫在树上结茧越冬。次年5～6月化蛹，成虫于6月出现。羽化多在傍晚。以15:00～20:00时为盛。有趋光性。成虫寿命4～7天，每一雌蛾产卵49～67粒。卵经5～6天孵化，初孵幼虫取食卵壳。然后食叶，但危害并不十分严重。进入4龄时取食叶片呈洞孔状，5龄后可吃光整叶，多为嫩叶。

主要防治方法如下。

（1）摘除虫茧

冬季落叶后结合修剪除茧。

（2）化学防治

幼虫对药剂敏感，一般触杀剂均可奏效。

（3）生物防治

茧期天敌有黑小蜂等；成虫期有螳螂捕食；幼虫期有病菌感染。

5.4.2.5　蝼蛄

蝼蛄俗称拉拉蛄、土狗子，国内分布约有4种，但以华北蝼蛄和东方蝼蛄对银杏播种苗危害严重。东方蝼蛄分布于全国各地，以北方地区发生较重，华北蝼蛄分布于西北、华北和东北的南部地区。蝼蛄对苗木的危害除以成、若虫直接咬食根系和种芽外，还由于其在土壤中的活动使银杏苗木的根系与土壤脱离，造成日晒后萎蔫。蝼蛄在北方地区有两次猖獗危害时期：一是4～5月间越冬成、若虫上升到表层土壤活动；二是9月份，当年越夏的若虫和新羽化的成虫大量取食后准备越冬。

防治方法如下。

（1）栽培及物理方法

①施用厩肥、堆肥等。有机肥料要充分腐熟，可减少蝼蛄的产卵。

②鲜马粪或鲜草诱杀。在苗床的步道上每隔20m左右挖一小土坑，将马粪、鲜草放入坑内，次日清晨捕杀，或施药毒杀。

③灯光诱杀。在苗圃地周围设黑光灯、电灯或火堆诱杀。在天气闷热或将要下雨的夜晚，以20:00～22:00时诱杀效果最好。灯火最好设在距苗木有一定距离的地方，以免落地蝼蛄爬进田内而造成危害。

④人工挖掘。春季根据地面蝼蛄的隧道标志挖窝灭虫，夏季产卵高峰期结合夏锄挖穴灭卵。

（2）药剂防治

①施用毒土。在做苗床时，向床面撒布配好的毒土，然后翻入土中。毒土配制方法是5%辛硫磷颗粒剂1份加细土50份，混拌均匀施用。

②毒饵诱杀。用20%杀灭菊酯50～100倍液加炒香的麦麸或磨碎的豆饼5kg，搅拌均匀，傍晚时均匀撒于苗床面或沟施。用毒饵1.5～3kg/亩。

5.4.2.6　蛴螬

蛴螬是金龟子类幼虫的总称，俗称鸡粪虫。蛴螬中大部分为植食性种类，其成虫和幼虫均能对银杏造成危害。蛴螬对银杏幼苗，除咬食侧根和主根外，还能将根皮食尽，造成缺苗断垄。成虫则取食银杏叶片，往往由于个体数量多，可在短期内造成严重危害。危害期5～10月，尤以7～9月为甚。该类害虫生活史一般都很长，大多需经过1年以上才能完成1代，以成虫或幼虫在土中越冬。成虫多昼伏夜出，白日少见，夜出性种类具趋光性和假死性。

防治方法如下。

（1）栽培方法

①精耕细作，合理施肥，有机肥要充分腐熟方可施用。氨水对蛴螬有一定的防治作用。

②人工捕杀。当蛴螬在表层土壤活动时，可适时翻土，拾虫消灭。利用成虫的假死性，在盛发时期人工捕杀。

（2）药剂防治

①在成虫盛发期，用杨、柳、榆树枝条蘸80%敌百虫200倍液，每隔10～15m插一束，每亩5把，插在苗圃园诱杀成虫。

②土壤处理。每亩用50%辛硫磷200～250g，加细土25～30kg，撒后浅锄。或用50%辛硫磷乳油250g，兑水1000～1500kg，顺垄浇灌，如能浅锄可延长药效。

③出苗或定植发现蛴螬危害时，在苗床或垄上开沟或打洞，用50%辛硫磷200倍液进行灌注，然后覆土，以防苗根漏风。

6 苗木质量

合格苗木以综合控制指标、根系、地径和苗高确定。综合控制指标达不到要求的为不合格苗木，达到要求者以根系、地径和苗高三项指标分级（表1–10）。

苗木综合控制条件为：无检疫对象病虫害；苗干通直，色泽正常；顶芽发育饱满、健壮；充分木质化；无机械损伤。

分级时，首先看根系指标，以根系所达到的级别确定苗木级别，如根系达Ⅰ级苗要求，苗木可为Ⅰ级或Ⅱ级；如根系只达Ⅰ级苗的要求，该苗木最高也只为Ⅰ级；在根系达到要求后按地径和苗高指标分级，如根系达不到要求则为不合格苗。

合格苗分Ⅰ、Ⅱ两个等级，由地径和苗高两项指标确定，在苗高、地径不属同一等级时，以地径所属级别为准。

苗木分级必须在庇荫背风处，分级后要做好等级标志。

表1-10 银杏苗木质量分级标准

苗木类型	苗龄	苗木等级								综合控制指标	Ⅰ、Ⅱ级苗百分率	适用范围
		Ⅰ级苗				Ⅱ级苗						
		地径cm＞	苗高cm＞	根系		地径cm	苗高cm	根系				
				长度cm	＞5cm长1级侧根数			长度cm	＞5cm长1级侧根数			
播种苗	1-0	0.60	15	20	5	0.40～0.60	10～15	15～20	3	顶芽饱满，充分木质化	85	华东、华中、华南、河北、北京
	2-0	1.40	28	20	10	1.00～1.40	15～28	20	5～10	顶芽饱满，充分木质化	85	华东、华中、贵州、河北、北京
嫁接苗	1$_{(2)}$-0	1.20		30	14	0.90～1.20		25	10		80	华东地区、广西、福建、贵州
	1$_{(2)}$-0	0.90	28	20	10	0.70～0.90	15～28	20	5～10	顶芽饱满，充分木质化	80	山东

注：引自GB 6000-1999 主要造林树种苗木质量分级。

7 苗木出圃

7.1 起苗时间

起苗时间要与造林季节相配合。冬季土壤结冻地区，除雨季造林用苗随起随栽外，一般在解冻后至发芽前进行，或在落叶后的11月中下旬进行。

7.2 起苗方法

大田育苗1～4年生小苗可以裸根起苗，5年以上宜用带土球栽植。起苗要达到一定深度，要求少伤侧根、须根，保持根系比较完整，不折断苗干。所带土球直径为苗木地茎的5～8倍。为便于打土球，移苗前一天可浇一次透水。根系最低长度要达到表1-10银杏苗木质量分级标准中所示的最低要求。具体移植技术可参考本书“3.移植技术”。

起苗后要立即在庇荫无风处选苗，剔除废苗。分级统计苗木实际产量。在选苗分级过程中，修剪过长的主根和侧根及受伤部分。

7.3 包装运输

运输苗木根据苗木种类、大小和运输距离，采取相应的包装方法。可用湿草袋包装打捆，要求做到保持根部湿润不失水。在包装明显处附以注明树种、苗龄、等级、数量的标签。苗木包装后，要及时运输，途中注意通风。不得风吹、日晒，防止苗木发热和风干，必要时还要洒水。

7.4 苗木贮藏

不能及时移植或包装运往造林地的苗木，要立即临时假植。秋季起出供翌春造林和移植的苗木，选地势高，背风排水良好的地方越冬假植。在风沙和寒冷地区的假植场地，要设置防风障，或在温度-3～3℃、空气湿度85%以上、通风良好的冷库或地窖中贮藏。越冬假植要掌握疏摆、深埋、培碎土、踏实不透风。假植后要经常检查，防止苗木风干、霉烂和遭受鼠、兔危害。

8 应用条件和注意事项

8.1 应用条件

本技术体系面向一线林业工作者和广大林农。适用于银杏苗木培育，包括不同类型的苗木繁育、移植、修剪、管护、出圃等技术以及苗木质量分级等内容。不仅适用于培育银杏幼苗，也适用于叶用、核用、材用、林粮间作、“四旁”栽植、城乡绿化和盆景观赏等银杏大苗的培育。

8.2 主要注意事项

（1）结合实际，因地制宜

银杏在我国分布广泛，北至辽宁，南达广东，东起沿海，西至云贵高原。各地气候、地理状况差异很大，在银杏培育过程中要因地制宜地调整相关技术指标和侧重。本书主要以山东、江苏等地为例介绍了适用于我国大部分地区的银杏培育体系，但在实际应用过程中，还应根据当地的气候特点和地理条件，进行适当调整，如根据物候期不同调整繁殖、修剪、管护的时间，或根据当地降雨规律调整灌水时间、次数和灌水量等。

（2）紧跟时代，积极创新

随着我国苗木产业的快速发展，新理论、新技术、新设备等不断涌现。传统的苗木繁育技术随着科学技术的发展而焕发出新的活力。银杏作为集药用、食用、材用、观赏等于一身的珍贵树种，随着其价值的不断开发，将在苗木市场上迸发新的活力。本书介绍的银杏培育技术体系仅代表当前最新技术。为了银杏苗木产业更好发展，我们要紧跟时代发展的步伐，积极引进最新的经营理念、科学技术和机械设备等，推进银杏苗木品种化、机械化发展。

第2部分

示范苗圃

PART 2

1 苗圃名称

山东省临沂市郯城县新一村银杏苗圃（图2-1）。

图2-1　山东省临沂市郯城县新一村银杏苗圃（高森 摄）

2 苗圃概况

苗圃位于山东省临沂市郯城县新一村。新一村地处沂河东岸，土地面积2068亩，人口约3900人。土壤类型为壤土，土层深厚，酸碱中性。村内有百年以上银杏古树1200余株，其中最大的一株雄树近3000年。新一村苗圃始建于1976年，占地60亩，初期为村集体育苗基地，以培育泡桐苗为主。1979年改为银杏种苗生产和研究基地，同年由门秀元老师主持，承担郯城县科技局和林业局的“银杏矮化丰产密植技术研究”科研项目，该项目1984年获山东省科技进步三等奖，该苗圃也成为国内最早取得银杏早实丰产技术的苗圃。截至2020年苗圃拥有银杏一、二级育苗面积2000余亩，核心育苗实验地60亩，先后选出核用银杏良种20余个，叶用良种10余个，年出圃银杏苗木1.5万余株，价值约800余万元，经济效益可观。

3 苗圃的育苗特色

苗圃集银杏传统良种繁育、观赏良种繁育、优级树形雄株良种繁育于一体，形成了品种多样、技术创新、质检保障、市场导向为特色的银杏苗木产业。

（1）传统良种繁育。主要利用本地优良实生种子，形成了“1年育苗采叶，2年移栽采叶，3～4年继续采叶，5年选优定植”的育苗模式。

（2）观赏良种繁育。苗圃在核心试验区引种众多银杏观赏品种，如2008年引进的‘斑叶银杏’、‘松针银杏’、金叶银杏等。通过劈头嫁接、分层嫁接、高接换头等技术措施，实现了观赏银杏的快速繁育。特别是金叶银杏品种，苗木表现稳定，观赏性极佳，市场发展前景好。

（3）雄株良种繁育。主要包括优级雄株树形“抱娘树”培育，以及优级雄株树形扦插培育。1995年山东农业大学邢世岩教授培育的雄株扦插苗，目前胸径已达到30cm以上，雄株园集中连片，甚是壮观。

4 苗圃在银杏育苗方面的优势

（1）银杏培育历史悠久。新一村有1200余株银杏古树，银杏早已与当地人民的经济、文化、社会生活息息相关，具有浓厚的银杏文化氛围和培育传统。新一村苗圃建立时间早，是国内最早取得银杏早实丰产技术的苗圃，进行银杏种苗生产和研究已有40余年。

（2）银杏优良品种众多。苗圃不仅拥有大量的叶用、核用良种，同时拥有特色的雄株品种、观赏品种等。通过多种繁育方式快速繁育，形成较大规模，可满足不同类型的市场需求。

（3）苗木培育技术创新。苗圃重视新技术的应用，长期与相关专业机构、农林院校等开展合作，同时设立专门技术部门研究和推广最新育苗技术。

（4）生产与市场紧密结合。多年来，新一村银杏苗圃立足自身资源优势，加大创新力度，转变发展方式，实施“育苗+市场”发展战略，加快苗木交易市场建设，利用苗木带动市场，依靠市场指导生产。

（5）苗圃部门分工完善。苗圃采取部门管理制，分别设立了办公室、技术贸易部、生产部、质检部。办公室主要负责后勤保障、物资管理；技术贸易部主要负责贸易销售、技术指导等；生产部主要负责银杏苗木生产环节的日常管理；质检部主要负责银杏苗木出圃检验检疫。

第3部分

育苗专家

PART 3

邢世岩

（1）联系方式

教授，邮箱：xingsy@sdau.edu.cn

（2）学习工作经历

学习经历：

1978.03～1981.12就读于山东农学院林学专业，并获学士学位；

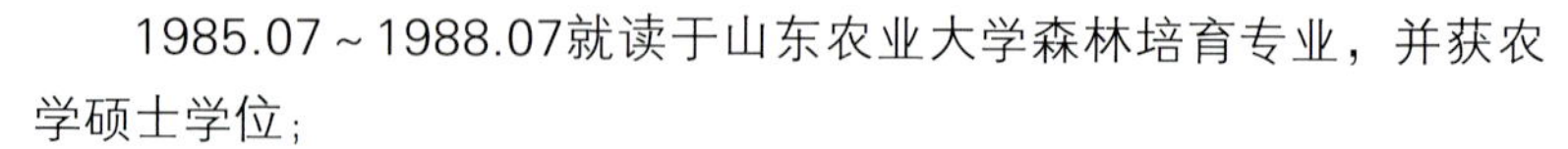

1985.07～1988.07就读于山东农业大学森林培育专业，并获农学硕士学位；

2000.07～2002.06就读于北京林业大学森林培育专业，并获博士学位。

工作经历：

1982.01～1994.10于山东省林业学校担任助教；

1994.11～1997.07于山东省林业学校担任讲师；

1997.07～2000.12于山东省林业学校担任副教授；

2001.01～2019.06于山东农业大学担任教授、系主任。

2019.07至今于山东农业大学担任返聘教授。

（3）在苗木培育方面的成就

自从1988年以来，一直从事银杏叶用、材用、观赏、雄株等资源收集、评价、快繁及栽培、良种选育等理论和技术研究。2003年《银杏种质资源及良种选育研究》被北京林业大学评为优秀博士学位论文。先后承担国家自然科学基金、省基金、教育部博士点基金、国家科技支撑计划课题、山东省农业良种工程课题等项目20余项。先后获国家林业部科技进步三等奖、山东省科技进步奖、山东省科学技术奖等省级成果奖10余项。‘大金果’、‘岭南’、‘叶籽银杏’、‘山农F–1银杏’、‘山农F–2银杏’等14个银杏品种/家系通过山东省林木品种审定委员会审定。'山农银一'、'山农银二'、'山农果一'、'山农果二'、'山农果五'等7个银杏品种获得国家林业局植物新品种权。银杏相关发明专利9项，计算机软件著作权3项，制定行业标准2项，地方标准5项。在*Frontiers in Plant Science*、*PLoS ONE*、*Biochemical Systematics and Ecology*、*Acta Genetica Sinica*、《中国农业科学》等发表论文共计160余篇。主编或参编的专著和教材等10余部。良种先后推广到广西、福建、江西、陕西、四川、浙江、江苏等20余个省市，经济、社会、生态效益显著。

（4）与苗木培育有关的出版著作、发表文章、专利、新品种权等名录

专著：

著作名称	出版社	ISBN	出版时间
枣树育苗技术	济南出版社	978-7-80572-528-4	1992
银杏丰产栽培	济南出版社	978-7-80572-543-8	1993
核用叶用银杏丰产栽培	中国林业出版社	978-7-5038-1791-7	1997
银杏种质资源评价与良种选育	中国环境科学出版社	978-7-80163-845-X	2004
中国银杏志（副主编）	中国林业出版社	978-7-5038-4805-7	2007
中国银杏种质资源	中国林业出版社	978-7-5038-7230-3	2013
中国银杏种质资源名录	中国林业出版社	978-7-5038-7544-1	2014
中国叶籽银杏	中国林业出版社	978-7-5038-7648-6	2014
中国垂乳银杏	中国林业出版社	978-7-5038-7639-4	2014
银杏种质资源描述规范和数据标准	中国林业出版社	978-7-5038-7455-0	2014
银杏优良品种推广与应用	山东人民出版社	978-7-209-09111-4	2015
野核桃种质资源描述规范和数据标准	中国林业出版社	978-7-5038-8476-4	2016

专利：

专利名称	树种	专利号
人工诱导银杏垂乳形成的方法	银杏	ZL201310062906.1
克服银杏无性繁殖位置效应的方法	银杏	ZL201310078685.7
银杏倒插皮舌接古树复壮的方法	银杏	ZL201210556841.1
侧柏蜡封双舌接育苗工艺	侧柏	ZL200910229409.X
野核桃播种育苗方法	野核桃	ZL201310752735.5
银杏苗倒插皮古树根系复壮方法	银杏	ZL201410345756.X
银杏组织培养外植体消毒方法	银杏	ZL201410550994.4
银杏半同胞家系大田无纺布容器直播技术	银杏	ZL201410344662.0
银杏古树优良无性系种子园建立	银杏	ZL201410344679.6
一种诱导银杏根生垂乳发生的方法	银杏	ZL201810051694.X
一种促发银杏复干发生的方法	银杏	ZL201810051660.0

新品种：

品种名称	树种	品种权号	证书号
‘山农银一’	银杏	20120050	第425号
‘山农银二’	银杏	20120051	第426号
‘散柏’	侧柏	20140134	第944号
‘文柏’	侧柏	20140133	第943号
‘山农果一’	银杏	20140130	第940号
‘山农果二’	银杏	20140131	第941号
‘山农果五’	银杏	20140132	第942号
‘文笔’	银杏	20150114	第1093号
‘天柱’	银杏	20150113	第1092号

审定良种

良种名称	树种	良种编号
‘大金果银杏’	银杏	鲁S-SV-GB-016-2004
‘岭南银杏’	银杏	鲁R-SV-GB-003-2004

（续）

良种名称	树种	良种编号
‘叶籽银杏’	银杏	鲁S-SV-GB-039-2007
‘山农F-1银杏’	银杏	鲁S-SV-GB-024-2013
‘山农F-2银杏’	银杏	鲁S-SV-PO-025-2013
‘山农T-5银杏’	银杏	鲁S-SV-GB-014-2014
‘山农T-7银杏’	银杏	鲁S-SV-GB-015-2014
‘山农Y-2银杏’	银杏	鲁S-SV-GB-016-2014
‘筒叶银杏’	银杏	鲁S-ETS-GB-036-2015
‘萨拉托格银杏’	银杏	鲁S-ETS-GB-037-2015
‘文笔银杏’	银杏	鲁S-SV-GB-038-2015
‘天柱银杏’	银杏	鲁S-SV-GB-039-2015
银杏‘兴安（XA72）’家系	银杏	鲁R-SF-GB-003-2017
银杏‘酉阳（YY58）’家系	银杏	鲁R-SF-GB-002-2017
‘泰安DZ42’麻栎家系	麻栎	鲁R-SF-QA-001-2017
‘泰安SY19’麻栎家系	麻栎	鲁S-SF-QA-001-2017
‘泰安SY24’麻栎家系	麻栎	鲁S-SF-QA-002-2017
‘泰安SL7’栓皮栎家系	麻栎	鲁S-SF-QV-003-2017
‘欧榛2#’欧洲榛	欧洲榛	鲁S-SV-CA-016-2009
‘欧榛7#’欧洲榛	欧洲榛	鲁S-SV-CA-017-2009
侧柏泰山普照寺种源	侧柏	鲁S-SP-PO-001-2012
侧柏肥城牛山种源	侧柏	鲁S-SP-PO-002-2012
侧柏微山鲁山种源	侧柏	鲁S-SP-PO-003-2012
侧柏确山乐山种源	侧柏	鲁S-SP-PO-004-2012
‘密枝’侧柏	侧柏	鲁S-SV-PO-034-2012
‘山农青’侧柏	侧柏	鲁S-SV-PO-030-2013

参考文献

Dawning A J, 1841. A treatise on the theory and practice of landscape gardening adapted to North America: with a view to the imporvement of Buntry residences[M]. New York:Wiley and Putnam.
陈凤洁, 樊宝敏, 2012. 银杏文化历史变迁述评[J]. 北京林业大学学报(社会科学版), 11(02): 28–33.
董培玲, 宋健云, 2014. 银杏树的移植与栽培[J]. 城乡建设(10): 85–86.
管立民, 2016. 浅谈如何提高银杏大树移植的成活率[J]. 科技视界(08): 241.
郭善基, 1993. 中国果树志银杏卷[M]. 北京: 中国林业出版社.
国家技术监督局, 1985. 育苗技术规程: GB/T 6001–1985[S]. 北京: 中国标准出版社.
全国林木种子标准化技术委员会, 1999. 主要造林树种苗木质量分级: GB 6000–1999[S]. 北京: 中国标准出版社.
邢世岩, 1993. 银杏丰产栽培[M]. 济南: 济南出版社.
邢世岩, 1997. 核用叶用银杏丰产栽培[M]. 北京: 中国林业出版社.
邢世岩, 2015. 银杏优良品种推广与应用[M]. 济南: 山东人民出版社.
原红滨, 白新密, 何小钎, 2018. 银杏的园林景观价值及构景艺术探讨[J]. 现代农村科技(03): 53–54.
中国林业科学研究院, 2010. 林木组织培养育苗技术规程: LY/T 1882–2010[S]. 北京: 国家林业局.
朱丽静, 1995. 银杏树冠整形及修剪[J]. 河北农业科技(12): 20.